MÉMOIRE

SUR LA CULTURE DU POIVRIER

A LA GUIANE FRANÇAISE.

1843

MÉMOIRE

SUR LA

CULTURE DU POIVRIER

A LA

GUIANE FRANÇAISE,

DEPUIS SON INTRODUCTION DANS CETTE COLONIE EN 1787, JUSQU'A LA PRÉSENTE ANNÉE 1843.

Par le général LOUIS BERNARD,

ANCIEN ÉLÈVE DE L'ÉCOLE POLYTECHNIQUE.

PARIS,

IMPRIMERIE D'ADOLPHE BLONDEAU,

RUE RAMEAU, 7 (PLACE RICHELIEU).

1843.

MÉMOIRE

SUR LA CULTURE DU POIVRIER

A LA GUIANE FRANÇAISE,

DEPUIS SON INTRODUCTION DANS CETTE COLONIE EN 1787, JUSQU'A LA PRÉSENTE ANNÉE 1843.

L'introduction des arbres à épices à l'Ile de France et à la Guiane française dans la dernière partie du XVIIIe siècle, fut un évènement mémorable pour les colonies, et eut un grand retentissement dans le monde commercial, auquel les Hollandais seuls avaient été jusqu'alors en possession de fournir ces précieuses denrées.

Le célèbre M. Poivre, intendant de l'Ile-de-France, avait fait ravir, en 1770, le giroflier, le muscadier et le canellier, au monopole des Hollandais, non sans danger pour ceux qui furent chargés de cette expédition hardie. Ces arbres se naturalisèrent à l'Ile-de-France, et peu d'années après, un navire expédié de cette colonie, par ordre du ministre, apporta à Cayenne des plants de ces trois précieux végétaux; ils furent distribués à plusieurs habitants intelligents, pour essayer le canton et la situation qui leur conviendraient le mieux. En 1779 et 1780, on en fit des plantations régulières sur le terrain dit de la Gabrielle. Elles furent considérablement augmentées en 1787 par M. Martin, botaniste, chargé de la direction des jardins et pépinières de l'Etat. Ce cultivateur habile, actif, éclairé, passionné pour la science, multiplia tellement le giroflier, dont l'acclimatement n'avait présenté aucune difficulté, qu'il pût en fournir des milliers de plantes aux habitants, et que la colonie en recensait plus de deux cent mille en 1825. La plus louable émulation était établie parmi les planteurs ; la culture des arbres à épices était devenue en quelque sorte une affaire d'amour-propre national ; on se rendait réciproquement compte des résultats obtenus et l'on s'empressait de montrer au gouverneur le premier panier de girofle que l'on avait récolté.

On mit le même zèle à propager le muscadier et le canellier ; mais le premier, par suite de circonstances dont le dévoloppement nous éloignerait de notre sujet, ne réussît pas, à beaucoup près, aussi bien que le giroflier ; il est même devenu si rare à l'époque où nous écrivons, qu'il est à craindre de le voir disparaître de la colonie.

Quand au canellier, qui se propage de semences, de boutures, de racines, il s'est tellement acclimaté à la Guiane, que ses baies, répandues dans les friches par les oiseaux, l'ont propagé dans les lieux incultes. Cependant sa culture ne s'est pas non plus étendue pour des causes que nous n'avons pas à expliquer ici.

L'ardeur que l'on avait mise à cultiver les arbresà épices n'était point affaiblie à la Guiane, lorsqu'en 1787 M. Martin y apporta le poivrier, qu'il était allé chercher à l'Ile-de-France par ordre du ministre. Mais la culture de cette plante étant l'objet spécial que nous nous proposons de traiter, nous allons, avant d'entrer en matière, donner des extraits de plusieurs mémoires qui y sont relatifs ; nous discuterons ensuite les assertions émises dans ces mémoires, et après avoir fait connaître les diverses phases de la culture du poivrier, nous essaierons d'expliquer, à l'aide d'une longue et ruineuse expérience, pourquoi cette plante, préconisée à si juste titre et qui aurait pu changer la face de la colonie, n'a jamais atteint une véritable importance.

Extrait du DICTIONNAIRE UNIVERSEL D'AGRICULTURE, *par les membres de la section d'agriculture de l'Institut.*

(Article POIVRIER, par Decandolle. Paris, 1809.)

Le poivrier, *Piper aromaticum Nigrum*, croit aux Grandes-Indes, particulièrement sur la côte du Malabar, aux îles de Java et de Sumatra. Les climats les plus chauds sont ceux qui lui conviennent; il ne réussit point à Bombay. à Surâte, ni dans les pays situés au nord de Goa. (Lat. de 15-32).

Le poivrier a une racine fibreuse, flexible et noirâtre, ses tiges sont ligneuses et sarmenteuses; elles grimpent sur les arbres voisins ou courent sur la terre si elles manquent d'appui. De chacun de leurs nœuds sortent des feuilles solitaires, alternes et portées sur de courts pétioles. Ces feuilles sont à cinq nervures, arrondies, larges de deux à quatre pouces, longues de quatre à cinq et terminées en pointe. Elles exhalent en les froissant une forte odeur de poivre. Les fleurs viennent en grappes, portées sur un seul pédoncule; elles sont découpées à leur bord en trois segments; n'ont ni calice ni corolle, mais deux anthères opposées, et un style à trois ou quatre stygmates; elles naissent sur les nœuds des tiges, opposés aux pétioles des feuilles. Quand elles tombent, elles ont fécondé le fruit qui leur succède sous forme de grains arrondis, de la grosseur de celui des groseilles; mais ces grains sont beaucoup plus serrés sur leur spadice que ceux de ce dernier fruit. Si la grappe est bien nourrie, qu'aucune fleur n'ait avorté, elle porte jusqu'à soixante grains et même plus.

Ces grains sont ce qu'on appelle le poivre noir du commerce; en lui ôtant son écorce on a le poivre blanc, d'une saveur beaucoup moins âcre. On peut l'obtenir en cueillant le poivre lorsque les graines sont rouges, et en les frottant rudement pour en enlever la pellicule; on lave ensuite le noyau dans plusieurs eaux et on le fait sécher.

Autrefois les Hollandais étaient seuls en possession de fournir le poivre au commerce, mais l'illustre intendant de l'Ile-de-France, M. Poivre, a introduit dans cette île le poivrier, qu'on y cultive avec succès, ainsi que dans la Guiane française, où M. Martin l'a apporté. Sa culture peut offrir de grandes ressources à la Guiane en mettant en valeur beaucoup de terrains restés en friches dans cette vaste contrée.

M. de Velloso a écrit en Portugais un petit traité pour enseigner aux habitants du Brésil la manière de cultiver avec succès le poivrier (1).

Le poivrier, dit M. de Velloso, se plante à Goa, en ramassant les jeunes plants qui ont germé sous les arbres, après la chûte de graines mûres ; on le multiplie aussi de boutures, et l'on choisit les jeunes branches qui n'ont pas donné encore de fruit. Le poivrier aime les bonnes terres, et il y vient presque sans soins et sans culture. Il préfère les terres argileuses aux sablonneuses. Cette observation, dit M. Decandolle, est d'une grande importance pour les habitants de la Guiane, où le sol des montagnes, des vallées et de la plupart des plaines est formé d'une argile ferrugineuse qui convient peu à d'autres cultures.

Le poivrier grimpe sur les arecs, continue M. de Velloso, sur les cocotiers, les manguiers et autres arbres des forêts, qu'il couvre de sa verdure. Il s'élève jusqu'à trente coudées, et le tronc a quelquefois six pouces d'épaisseur. Lorsque les sarments des jeunes poivriers ne s'attachent pas d'eux-mêmes sur les arbres destinés à leur servir d'appui, les Portugais ont soin de les y fixer, soit avec des liens, soit avec de la terre glaise ou toute autre substance convenable, afin que ses radicules puissent s'implanter dans l'écorce. M. de Velloso observe que les poivriers qui croissent le long des murs ou qui rampent à terre, ont des tiges plus grosses que ceux qui montent sur les arbres, mais que les premiers ne produisent presque pas de fruits, sans doute parce qu'ils sont privés de la nourriture que les autres tirent des arbres auxquels ils s'attachent.

(1) Des essais ont été faits au Para et à Maragnan, mais ils n'ont pas réussi.

Voici maintenant les observations qu'une expérience de douze années à fourni à M. Hussenet, l'un des cultivateurs les plus distingués de Cayenne.

Huit mois après que les po ivriers eurent été apportés del'Ile-de-France, par M. Martin, que le gouvernement avait chargé de cette mission, M. Hussenet s'en procura trois individus qu'il planta, l'un auprès d'un immortelle (érythrina); le second près d'un monbain, et le troisième près d'un mammea. Le premier et le troisième fleurirent et donnèrent quelques fruits au bout de dix-huit mois, mais celui auquel le monbain servait de tuteur périt bientôt après, et sans doute les sucs âcres et astringents de cet arbre, joints à la dureté de son écorce, à laquelle le poivrier ne s'attache que difficilement, en furent les principales causes.

Le même cultivateur tenta ensuite des essais sur beaucoup d'autres arbres, tels que l'avocatier, l'oranger, le manguier, l'acajou, le corossobier, le calebassier, etc., et il résulte de ces essais que le calebassier est celui qui convient le mieux au poivrier. Son écorce est spongieuse et épaisse, les griffes du poivrier la pénètrent avec facilité et y adhèrent fortement. C'est d'ailleurs un arbre peu élevé et qu'on peut réduire à la hauteur que l'on veut sans qu'il en souffre; ses branches, flexibles et peu cassantes s'étendent horizontalement; ses feuilles se conservent pendant long-temps et lorsqu'il les perd elles se renouvellent en huit jours; les chenilles ne l'attaquent point, et il procure de l'ombrage aux poivriers pendant les fortes chaleurs de l'été. Enfin, l'expérience a appris que les poivriers auxquels ces arbres servent d'appui produisent des récoltes plus abondantes.

Ces observations de M. Hussenet sont confirmées par M. Martin, qui écrivait à l'illustre Thouin le 8 floréal an X (mai 1800).

.....« J'ai abandonné l'idée que j'avais d'abord de planter des monbins pour soutenir les poivriers, parce que j'ai reconnu que le poivrier, en s'attachant à ces arbres, en recevait un effet préjudiciable à ses fleurs. Plusieurs personnes ont planté des poivriers sur des manguiers, des abricotiers et même des canelliers dans leurs jardins à Cayenne. Ils fleurissent bien tous les ans, mais ensuite les chatons tombent. Je suis tenté de croire, d'après mes propres observations, que la sève de ces arbres, étant résineuse et gommo-astringente, et parconséquent âcre, doit nuire à la sève aromatique du poivrier, et causer instantanément la chute des fleurs et des feuilles. Le poivrier, en mêlant à sa sève celle de ses tuteurs, qu'il pompe à l'aide de ses griffes ou suçoirs, et en l'imbibant pour ainsi dire, de cette sève échauffante et hétérogène, perd alors ses fleurs avant la fécondation, et ses feuilles encore toutes vertes.

« M. Hussenet a fait le premier à la Guiane une plantation régulière de poivriers, elle en renferme deux cents, et autant de calebassiers, séparés par des espaces de dix pieds carrés. Chaque poivrier a été mis à la distance de six pouces des calebassiers; un an après la plantation de ceux-ci, car, si les calebassiers n'avaient pas acquis assez de vigueur, lorsqu'on plante le poivrier à leur pied, ils ne pourraient en soutenir le poids, et seraient étouffés en peu de temps, parce que le poivrier croît avec une grande rapidité.

« Un pied de poivrier suffit pour chaque tuteur; lorsqu'on le propage de boutures, il faut choisir des jets qui n'aient pas encore porté du fruit, dont le bois soit bien formé, leur laisser quatre à cinq nœuds, les planter obliquement, et enfouir trois ou quatre de ces nœuds.

« Chaque pied de poivrier vigoureux, sur un calebassier bien développé, peut donner quinze livres de poivre sec. Ainsi donc, les deux cents poivriers de la plantation dont je viens de parler, et qui n'occupent guère que deux tiers d'arpent, en produisent trois mille livres, qui, à raison de quarante sous la livre, forment un revenu de six mille francs. M. Laforêt, colon de la Guiane, a cueilli vingt-neuf livres de poivre sur un seul arbre; il était verd il est vrai, quand on l'a pesé, mais séché, il n'a été réduit qu'à la moitié de ce poids. Ce poivre était d'une excellente qualité, gros, bien plein, d'une belle couleur, aromatique, supérieur même à celui qu'on nous apporte de l'Inde.

« Le poivrier réussit aussi sur l'immortelle, mais cet arbre, a l'inconvénient de perdre ses feuilles en été, et d'en rester dépouillé pendant deux mois, ce qui expose le poivrier à l'ardeur du soleil et le fait périr; l'immortelle a d'ailleurs le bois très cassant, il s'élève fort haut, et si on le taille souvent pour l'empêcher de croître, on le fait périr. Le poivrier a mal réussi sur les autres arbres que l'on a essayés.

« Comme tous les arbres fruitiers, le poivrier donne alternativement de bonnes et de mauvaises récoltes, les grandes pluies font couler ses fleurs, mais les vents du nord qui, lorsqu'ils soufflent longtemps endommagent les cultures de la Guiane, ne leur sont pas très nuisibles, parce que les feuillles du calebassier lui servent d'abri. »

« Le poivrier fleurit tous les ans, et même deux fois par an, quand il est vigoureux; sa fleur paraît un ou deux mois après les pluies qui succèdent à la saison sèche. Les fruits arrivent en mars et avril, quelquefois plus tard. Ils se teignent en rouge quand ils sont mûrs; mais on les cueille dès qu'ils se colorent en jaune et que quelques grains commencent à rougir, parce que les oiseaux les mangent avec avidité, lorsqu'ils sont parvenus au dernier dégré de maturité.

« La récolte se fait quatre mois après la chute des fleurs, elle est très facile. Un nègre monte sur une échelle avec un panier attaché à sa ceinture, il cueille une à une les grappes, qui se détachent sans effort, puis, on les expose au soleil sur des planches ou sur des draps, et elles sont sèches au bout de cinq à six jours. Quand une plantation est faite, un seul nègre peut en cultiver et soigner huit cents à mille plantes et en récolter le fruit.

« Le poivrier est sujet à la piqûre d'un ver qui s'insinue entre le bois et l'écorce, et le fait quelquefois périr. »

Extrait du Mémoire de M. Perrotet, *jardinier-botaniste, attaché à l'expédition chargée d'aller chercher à la Chine la plante du thé, pour l'introduire à la Guiane française.*

On ne parcourt qu'avec admiration les plantations régulières de poivrier et de betel, qui couvrent le sol de Java et de Batavia, Elles sont tenues avec beaucoup d'ordre et de soin; les tuteurs, sur lesquels ces arbres grimpent et s'attachent, sont tous coupés à la même hauteur, et plantés au cordeau à égale distance les uns des autres. Le voyageur est flatté en promenant ses regards sur l'immense étendue de ces beaux alignements...

Il paraît qu'on a toujours éprouvé des difficultés dans les colonies françaises pour la culture de cette plante sarmenteuse; c'est probablement parce qu'on ignorait l'art de cultiver le poivrier, et de lui donner son tuteur naturel, que cette plante a été négligée, et est restée parmi nous, pour ainsi dire dans l'enfance. Mais je ne pense pas qu'on puisse se plaindre aujourd'hui de ces inconvénients. J'ai apporté, et répandu dans les colonies françaises de l'Afrique et de l'Amérique, une quantité suffisante de semences de deux espèces de l'arbre précieux qui contribue à sa plus grande végétation. Cet arbre est l'érithrina à épines noires que les Malais de Java et de Sumatra appèlent *Dudape-serap* et *Dudape-ayaum.*

Après que le terrain destiné à recevoir le poivrier a été suffisamment ameubli et purgé des mauvaises herbes; les Javanais coupent des branches des deux espèces choisies d'érithrina, de 7 à 8 pieds de longeur et de deux pouces de diamètre; ils les enfoncent d'un pied et demi dans la terre, en suivant toujours le cordeau, et les éloignant de 5 à 6 pieds en carré, distance suffisante pour le jeu des échelles. Ce travail terminé, les cultivateurs coupent de jeunes branches de poivriers, qui n'ont pas encore donné de fruit, et préfèrent celles qui sont vigoureuses et bien garnies de feuilles. Ils les coupent en morceaux de 12 à 15 pouces de longeur, de telle sorte que la bouture ait six à sept nœuds ; après cette première opération, une quantité d'ouvriers proportionnée à l'étendue du terrain destiné a être planté, suivent la ligne des tuteurs, tenant dans un panier des boutures de poivriers, qu'ils placent de distance en distance, faisant un trou un peu oblique, éloigné de 3 à 4 pouces du tuteur. Les boutures se couchent horizontalement au fond du trou ; trois ou quatre nœuds au plus sont enterrés, trois seulement s'élèvent au-dessus du sol ; on presse fortement la terre au-dessus de la bouture, afin que les pluies en tombant, ne les mettent pas à découvert.

Je dois ajouter ici, que pour la parfaite reprise et la conservation de ces plantes, il convient de couvrir le pied de la bouture, et celui du tuteur, d'une couche de terreau, de débris de feuilles, pour abriter les jeunes plants des rayons du soleil, dont l'action brûlante tendrait à dessécher toute l'humidité du sol, si nécessaire au développement des racines des végétaux, et surtout au poivrier, dont les mamelons radiculaires ne s'introduisent guère dans la terre que de quelques lignes.

Le travail que je viens d'indiquer pour la plantation, se fait si promptement, qu'une personne un peu habile, est dans le cas de planter cent boutures dans une heure, et d'une manière très propre à leur reprise.

La plantation faite, n'exige pour ainsi dire aucun soin pour son entretien ; quelques binages seulement, faits dans le cours de l'année, suffisent pour les maintenir dans un état favorable à leur reprise. Il serait pourtant indispensable d'élaguer de temps en temps les branches des tuteurs, afin de donner de l'air au poivrier qui, sans cette précaution, s'étiolerait et prendrait trop d'extension aux dépens de ses fruits. Les tuteurs eux mêmes, en grandissant, se détruiraient par la trop grande abondance de ses branches et de ses racines. Les tiges sarmenteuses du poivrier au fur et à mesure qu'elles s'alongent, poussent de distance en distance de petites griffes verticilées, qui s'introduisent sous l'épiderme, et pénètrent même jusqu'à l'aubier de l'arbre qui lui sert de tuteur ; elles l'empêchent par ce moyen, de prendre trop d'accroissement, et détournent à leur profit une partie de sa sève.

Ce phénomène prouve que l'on tenterait en vain de donner au poivrier un autre tuteur que celui que la nature semble avoir créé pour lui. A Cayenne, on a fait de vains efforts pour substituer une autre plante à l'érithrina. M. Martin, était bien parvenu à faire monter le poivrier sur le mombin, mais ses fleurs ne purent jamais y nouer, sans doute à cause du suc âcre que ce arbre exhale, et de la puissance de sa végétation. On a même proposé de remplacer l'érithrina par le calebassier, mais on n'a pas tardé à en reconnaître l'inconvénient. Le calebassier étend ses ramaux au loin, absorbe l'air athmosphérique, et détruit la régularité dans les plantations.

Au bout de *deux ou trois ans*, le poivrier présente une masse considérable de verdure, ses branches et ses rameaux se couvrent de grappes fécondées, tandis que l'érithrina a pris lentement un certain accroissement qui ne se développe ensuite réellement que lorsque le poivrier a cessé de végéter et de donner du fruit.

On peut réduire l'érithrina à la hauteur que l'on veut, sans qu'il en souffre aucunement. Les plus hauts que j'ai vus à Java, avaient environ dix pieds ; cette élévation m'a paru suffisante, parce qu'elle permet de cueillir les fruits avec facilité.

Il serait à désirer, pour la prospérité des colonies françaises, qu'on encourageât leurs habitants à s'adonner plus particulièrement à la culture du poivrier, dont le produit est si abondant et si lucratif. Elle n'exige pour ainsi dire pas de travail, avantage bien grand aujourd'hui surtout que la traite des nègres est proscrite, que les bras suffisent à peine à un petit nombre d'autres plantes utiles.

M. Bernard aîné, habitant instruit et riche propriétaire à Cayenne, est le seul qui cultive aujourd'hui un peu en grand le poivrier ; il a accueilli et adopté avec enthousiasme la méthode que je lui ai indiquée; peu de temps avant mon départ de Cayenne (1820), il avait plus de vingt mille pieds de poivriers plantés ; je lui ai remis une bonne partie des graines d'érithrina que j'avais apportées de Java. On ne peut trop encourager les hommes qui se rendent utiles, et savent vaincre les préjugés. Son exemple parlera plus haut que toutes les instructions écrites. Il est très probable que ses belles plantations inspireront le goût de cette culture à d'autres habitants de cette vaste contrée, et qu'on ne craigne pas que le poivrier s'élève en trop grand nombre ; ses grains sont tellement recherchés, et si généralement estimés, que la vente en est assurée d'avance sur tous les points de l'Europe...

Nous devons à l'obligeance de M. Vidal de Lingendes, procureur-général à Cayenne, un mémoire de M. Jaumes St-Hilaire, sur le poivrier. Nous le citons avec peu de confiance, parce que cet auteur dit lui-même avoir appris ce qu'il avance soit dans les voyages modernes, soit dans la conversation de plusieurs Anglais instruits qui ont passé une partie de leur vie dans l'Inde, et qui se sont occupés de cette culture. Nous en citerons cependant quelques extraits qui s'accordent avec les récits des personnes qui ont jugé les choses de leurs propres yeux.

..... « Il y a environ cinquante ans (l'auteur écrit en 1826), on introduisit le poivrier à la Guiane-Française. Le climat de cette colonie lui est très favorable, car le poivre qu'on y récolte est aussi estimé et même plus beau que celui de Mahé. Mais en l'introduisant à la Guiane, on ne fit pas attention que cet arbuste grimpant avait besoin d'un tuteur particulier qu'on n'avait pas apporté de l'Inde en même temps que lui. On l'attacha à divers arbres du pays, mais sans succès.

« Le poivrier est d'une grande fécondité lorsqu'il est en plein rapport, il donne au moins seize livres de poivre par an. Le climat de la Guiane lui étant favorable, il y a lieu de croire que si depuis vingt ans cette culture avait été dirigée avec intelligence, non seulement nous serions dispensés d'en tirer de l'étranger, mais nous pourrions en vendre et soutenir avantageusement la concurrence avec celui des Indes. Au lieu de cela, je trouve, par un relevé des exportations de l'Angleterre, que pendant l'année 1815, nous avons reçu dans nos ports 1,550,000 livres de poivre du Bengale, ce qui ne comprend cependant que les importations de la compagnie des Indes, auxquelles il faut ajouter tout ce qui a pu nous arriver par les navires américains et autres.

« Depuis Linnée, on répète dans tous les livres que les fleurs du poivrier sont hermaphrodites. C'est une erreur qui a coûté cher à la compagnie des Indes. Roxburgh, surintendant des cultures du Bengale, cultiva inutilement pendant quatre ou cinq ans, cinq ou six mille poivriers qu'il avait achetés des naturels des montagnes de l'Inde. Il s'aperçut enfin que les naturels l'avaient trompé, en ne lui vendant que des pieds mâles. Il paraît bien certain aujourd'hui que le poivrier est polygame, c'est-à-dire mâle sur un pied femelle sur l'autre, femelle et hermaphrodite sur un troisième et sur le même châton. De sorte que Roxburgh aurait pu cultiver toute sa vie des poivriers, sans jamais récolter de poivre.

« Le poivrier se plaît dans une terre rougeâtre, entremêlée de petits cailloux; il n'aime ni le sable, ni l'argile jaune et stérile; il lui faut au moins un pied de bonne terre; on doit éviter les terrains en pente rapide, parce que la bonne terre remuée par les labours, est emportée par les pluies. Dans le Mysore, le tuteur destiné à soutenir le poivrier, est le *murucu* (*erithrina indica*). On les plante à la distance de cinq pieds les uns des autres. Les naturels de l'Inde ont observé que le poivrier ne s'attache pas de lui-même sur les arbres, et qu'il faut l'y fixer. Sans cette précaution il ramperait sur la terre et ne donnerait pas de fruit. Au bout de cinq ou six ans, les poivriers commencent à donner du fruit, mais ils ne sont en plein rapport qu'à la huitième année; ils sont jugés tels lorsqu'ils donnent seize livres de poivre. Quelquefois certains vers de terre s'attachent aux racines des poivriers, alors ils meurent vers la quinzième année si l'on n'a pas la précaution de les détruire ; mais autrement le poivrier donne d'abondantes récoltes pendant trente, quarante et cinquante ans.

« Le *murucu* est généralement employé au Bengale et dans les îles de Java et de Sumatra pour servir de tuteur au poivrier, on se sert aussi de quelques autres arbres, mais il paraît que les cultivateurs lui donnent la préférence parce qu'il croît plus vite, et leur donne plus tôt le moyen d'acquitter leurs redevances.

« Le manguier (*mangifera indica*), naturalisé depuis plusieurs années à la Guiane, est aussi employé par les habitans du Bengale, et sert de tuteur au poivrier, mais beaucoup plus rarement que le murucu, parce qu'il croît plus lentement. Il est assez singulier que parmi tous les essais qu'on a faits depuis trente ans à la Guiane pour trouver un bon tuteur au poivrier, on ne se soit pas avisé d'employer cet arbre originaire des Indes, et par conséquent du même pays que le poivrier. On assure que lorsqu'on peut attendre sa croissance, le poivrier donne des fruits pendant plus longtemps que lorsqu'il a le murucu pour tuteur.

« On a calculé qu'un homme cueille facilement quinze à vingt livres de poivre par jour. Un homme et une femme, s'ils sont industrieux, peuvent avoir soin d'un jardin composé de mille ceps, et cultiver en outre autant de riz qu'il leur en faut pour leur subsistance ; un homme même un peu actif, peut le faire seul ; d'où il résulte qu'un cultivateur actif, qui aurait mille ceps en rapport, récolterait douze à dix-huit milliers de poivre par an. »

Nous ne pousserons pas plus loin l'analyse du mémoire de M. Jaumes Saint-Hilaire. Nous y trouvons des erreurs matérielles qui altèrent notre confiance. Ainsi, il dit que pour abriter les poivriers plantés à cinq pieds de distance, on intercale dans leurs rangs, pendant les trois premières années, des bananiers plantés à un pied les uns des autres. Nous mettrons volontiers une aussi étrange assertion sur le compte de l'imprimeur, car les bananiers font des touffes de plus de six pieds de diamètre : mais comment concevoir qu'un homme qui ne cueillera que vingt livres de poivre par jour, puisse en cueillir douze à dix-huit milliers dans l'année ! L'année est-elle pour lui de six cents à neuf cents jours? la récolte du poivre durant deux mois seulement? Si nous avons cité un auteur qui nous paraît si suspect, ce n'est que pour relater son assertion relative au sexe du poivrier qu'il prétend dioïque, ce qui serait la meilleure explication du peu de succès obtenu à la Guiane dans la culture du poivrier, si en effet on n'y avait cultivé que le poivrier mâle ou le poivrier femelle; mais cette assertion n'a pas le moindre fondement, comme nous le prouverons plus loin.

On jugera, par les extraits que nous venons de donner, les espérances que l'on pouvait fonder sur la culture du poivrier; en effet, le sol argileux de la Guiane était annoncé comme le plus favorable; la latitude du pays est la même que celle des contrées où il est cultivé; sa multiplication était facile, ses produits abondants, et ne se faisaient pas longtemps attendre. Les premiers essais confirmèrent, dit-on, toutes ces espérances. M. Hussenet, d'après le rapport adressé par M. Martin lui-même à M. Thouin, avait recueilli quinze livres de poivre sur chaque arbre d'une plantation de deux cents individus, ce qui lui avait donné un produit de trois mille livres en denrée, et de six mille francs en argent, et cette plantation n'occupait qu'un cinquième d'hectare. Un nègre pouvait suffire à entretenir et récolter huit cents à mille poivriers!

De telles assertions, émises par des cultivateurs graves et habiles, devaient nécessairement entraîner l'opinion déjà si favorablement portée vers les précieux trésors que l'Asie venait de livrer à l'Amérique. C'est ce qui eut lieu en effet. Il n'est pas un habitant dans l'île de Cayenne proprement dite, sur les rivières de Tonégrande, des Cascades, de Montsinery, du Tour-de-l'Ile, d'Oyac et leurs affluents qui n'ait planté des poivriers. dont on retrouve encore aujourd'hui les tuteurs. Partout on a cité des exemples de produits prodigieux. M. Hussenet a récolté quinze livres, M. Laforêt autant; chez M. Menard, à Approuague, un arbre avait donné cinquante livres, chez madame de Montagu, à Macouria, cinquante livres aussi. Nous pouvons affirmer que sur les deux grandes plantations faites en dernier lieu sur la rivière de Cayenne, plus d'un arbre a donné trente livres de poivre sec, ce qui en suppose cent vingt de vert, et non soixante, comme le pensait M. Laforêt. Enfin, il paraît constaté qu'un poivrier, planté dans le jardin de M. Nadan, à Cayenne, a produit un baril de poivre, que nous évaluons à quatre-vingt-dix livres, ce que nous ne révoquons pas plus en doute que nous le ferions, si l'on nous disait qu'un poivrier a produit le triple de celui de M. Nadan, parce que nous savons quel degré d'extension peut prendre cet arbuste sarmenteux lorsqu'il reçoit des appuis étendus. Ceci ne paraîtra point extraordinaire aux personnes qui ont vu les produits prodigieux de vignes étendues en treilles. Et cependant partout on trouvait, à la vérité, en petit nombre des arbres très féconds, mais la majorité l'était fort peu, et les résultats généraux étaient à peu près nuls.

Comment s'expliquer un tel résultat ? Il ne fallait que mettre en terre une bouture de liane dans un pays qui est la terre promise des lianes, pour la voir se développer si promptement, que si son tuteur n'avait pas assez d'avance sur elle, il en était étouffé ?

Le poivrier vivant sur sa renommée bien établie, ce fut sur le tuteur que dût se porter l'attention générale, et dès lors il s'établit une grande controverse sur les qualités bonnes ou mauvaises des arbres propres à en servir. M. Martin et ses émules se livrèrent à de nombreuses expériences ; M. Thouin cherchait à les éclairer de ses vastes connaissances, et son zèle pour la science, comme ses sentimens patriotiques qui l'avaient porté à attacher tous ses soins à la propagation de la culture du poivrier dans une colonie française, lui firent entreprendre une correspondance animée à ce sujet. Mais les résultats étaient toujours les mêmes. Lorsque quelques poivriers étaient féconds sur un tuteur, celui-ci était déclaré à l'instant l'arbre qui lui convenait ; les autres avaient une sève âcre qui, s'infiltrant par les suçoirs du poivrier, faisait avorter ses fleurs et tomber ses feuilles. D'autres avaient l'écorce trop dure pour que le poivrier pût y insérer ses griffes. Selon quelques planteurs, les racines de certains tuteurs nuisaient par leur abondance à celles de la liane. En ceci, ils ne réfléchissaient pas que dans certaines contrées de l'Inde, le poivrier grimpe sur les arecs, les cocotiers et autres palmiers. M. Velloso le dit dans son mémoire, et M. Bréon, qui a rempli pendant vingt-trois ans les fonctions de jardinier-botaniste de l'île de Bourbon, et qui a voyagé dans l'Inde, nous assurait récemment que tous les poivriers qu'il y avait vus étaient sur des cocotiers. Or, les palmiers ne poussent pas des racines ligneuses ; ils sont maintenus sur le sol par une masse inextricable de racines chevelues, de la grosseur d'un tuyau de plume, qui s'étendent à une distance de dix à quinze pieds de rayon, circonstance qui assure ces géants de la nature contre les coups de vent des tropiques, par lesquels ils ne sont jamais renversés. Cependant nous avons vu à Cayenne des poivriers prospérer et garnir, jusqu'à la naissance des feuilles, le tronc élevé du palmier cariota. Le seul inconvénient qu'on trouvait à ce tuteur, et nous ne comprenons pas comment l'on ne s'en plaint point aux Indes, c'est que les énormes feuilles du palmier, en se détachant de leur fût, entraînent dans leur chûte le poivrier qui se trouve alors séparé de son tuteur.

On s'avisa enfin de faire grimper le poivrier sur des perches de bois sec. Ils s'y attachèrent fort bien, et nous en avons vu un bon nombre chargés de fruits sur une habitation dont nous aurons à parler, et qui en avait quatre mille plantés ainsi. Ce n'est donc pas la sève de tel ou tel arbre qui lui est nuisible. Nous avons même admiré chez M. Lambert, au Mont-Sinery, un poivrier lancé sur un arbre mort laissé dans un marécage desséché. Il formait une masse de verdure de trente-six pieds d'élévation ; il était chargé de fruits depuis la base jusqu'au sommet, et certainement, si l'on avait fait cette récolte, elle eut dépassé tout ce qu'on avait annoncé jusqu'alors; mais on n'osait point appuyer une échelle sur un arbre qui n'offrait aucune garantie de solidité.

On fut bientôt forcé d'abandonner les tuteurs en bois mort, parce que, malgré le soin que l'on mettait dans le choix de ces bois, ils pourissaient à fleur de terre et entraînaient le poivrier lorsqu'ils se renversaient. Alors celui-ci était perdu, à moins qu'on ne le ravalât sur sa souche, parce que d'après une circonstance particulière de sa végétation, que nous faisons connaître, il lui faut un nouveau jet partant de terre pour se fixer à un nouveau tuteur.

M. Thoulouse, planteur soigneux et persévérant, avait plusieurs milliers de poivriers attachés ainsi à des piquets, auxquels il reprochait d'abord un autre inconvénient. Quoique profondément fichés en terre, lorsqu'ils étaient chargés de leur poivrier, l'ébranlement causé par les vents faisait former à leur pied un entonnoir qui, conservant les eaux pluviales par suite de la nature argileuse du sol, pourrissait les racines du poivrier. Il avait cru remédier au mal en plantant la bouture en dehors du cercle présumé de l'entonnoir, mais il n'en a pas moins successivement perdu ses poivriers, comme ceux qu'il avait sur des tuteurs vivants, sans jamais avoir livré au commerce au delà d'un millier de poivre. M. Lambert, son voisin, qui avait également donné beaucoup de soins à cette culture en l'essayant en terre haute et sur des marécages desséchés, n'a pas obtenu de plus heureux résultats.

Le poivrier étant, ainsi que nous l'avons dit, une plante sarmenteuse qui s'étend et s'élève partout où elle trouve des appuis, il était naturel d'essayer de la traiter comme la vigne et d'en former des treilles et des palissades. Les bois étant chers et se détruisant promptement, sous un climat dévorant, l'idée la plus simple était de conduire la liane d'un arbre à l'autre, comme la vigne est cultivée de temps immémorial dans quelques contrées de la péninsule italique. Cette idée n'a point échappé aux planteurs, et ils ont essayé de la mettre en pratique, mais sans succès. La cause en est à la manière singulière dont cette plante se développe.

Lorsque la bouture placée en terre à quelques centimètres de distance de son tuteur entre en végétation, elle pousse une masse de rameaux qui rampent sur le sol et qui s'enracinent à chaque nœud sans qu'aucun d'eux paraisse vouloir grimper sur le tuteur. De là l'impatience qui a porté le cultivateur à attacher la liane par des moyens factices. Nous nous sommes livré nous-même à cet immense travail, et on le jugera immense en effet quand nous aurons dit que nous l'avons pratiqué sur plus de deux cent mille individus, dont le nombre doit être triplé, car chaque liane a été liée jusqu'à trois hauteurs successives. Nous pourions donner le chiffre exact en poids du coton filé employé à cette opération; la coupe seule de ces fils était un travail considérable, et pourtant cette opération, si minutieuse, que nous ne nous rappelons pas en ce moment sans surprise, et sans nous demander si nous avons eu réellement le courage de l'entreprendre et de l'achever, était à peu près un travail inutile. Le poivrier, lorsque son moment est venu, lance lui-même sur le tuteur le jet qui doit former sa tige. Il est rare que celui qu'on a choisi et lié fasse pénétrer ses griffes dans l'écorce du tuteur; il y tient presque toujours mal, et le tuteur ne serait pas garni le plus souvent, si le jet que la nature a destiné à former l'arbre ne venait pas un peu plus tôt, un peu plus tard, prendre la place qui lui convient. Une fois qu'il a implanté ses griffes, il s'élève tant qu'il trouve un appui; il se ramifie, s'élargit et forme une magnifique colonne de verdure, mais ses rameaux ne s'attachent à rien de ce qui les avoisine; le jet qui a formé la tige s'attache seul au tronc du tuteur, et si un coup de vent détache sa tête, toute la masse tombe avec elle. Ce que nous disons est si exact, que, sur un arbre fourchu, si le poivrier s'est emparé de l'une des branches, il peut bien couvrir l'autre de ses rameaux, à cause du développement de leur largeur, mais il ne s'y griffe point, et si la seconde branche a un poivrier à elle, c'est qu'un nouveau jet parti de la souche est venu s'en emparer. De là, l'impossibilité si regrettable de pouvoir conduire le poivrier comme la vigne.

La bonne opinion que l'on avait du poivrier se maintenait toujours, et cependant sa culture était loin de s'étendre comme celle du giroflier, qui présentait pourtant de bien plus grandes difficultés. Tel fut l'état des choses jusqu'en 1805, époque où toutes les espérances conçues sur le premier de ces végétaux semblèrent se raviver. Pour expliquer cette circonstance, nous avons besoin de parler de l'état général de la colonie de Cayenne, à une époque antérieure.

Toutes les colonies établies par les Français sur les deux hémisphères s'étaient élevées plus ou moins rapidement à un haut état de prospérité; celle de Cayenne seule, située sur le continent, était restée dans un état d'infériorité marqué. Les végétaux qui avaient enrichi les Antilles, la canne à sucre, le cafier, le cotonnier, le cacaoyer, l'indigotier, etc., y avaient tous été cultivés, mais sans succès marquants. On trouve des débris de sucreries abandonnées, sur quantité de points de la colonie, sans que cette culture, qui avait fait la fortune de toutes les autres, eut fait sortir la Guiane de son état de marasme.

En 1776, un habile administrateur, M. de Mallouet, y fut envoyé en qualité d'ordonnateur, avec mission de rechercher pourquoi cette colonie, dont on ne cessait de vanter la fertilité, restait cependant dans un état d'infériorité si prononcé.

M. de Mallouet ne tarda pas à en découvrir la principale cause; il vit du premier coup-d'œil que les terres hautes, sur lesquelles avaient été établies les cultures, étaient, à quelques exceptions près, sans profondeur; que l'humus végétal amassé par les siècles dans les forêts primitives, était promptement entraîné par les pluies équinoxiales après le déboisement du sol, et que celui-ci n'était plus alors qu'un tuf plus ou moins aride et impropre à nourrir d'autre végétaux que ceux que la nature lui avait destinés. Il remarqua aussi que d'immenses alluvions s'étaient formées le long de la mer et sur les bords des rivières, et sachant que les Hollandais, par de bonnes méthodes de desséchement, s'étaient emparés, dans leur colonie de Surinam de ces alluvions, pour leur confier les cultures les plus riches et les plus productives, il ne balança pas à chercher les moyens de faire jouir les habitants de la Guiane, d'une ressource si précieuse.

Il se rendit dont lui-même à Surinam pour y étudier les procédés des Hollandais, et il en ramena un ingénieur habile, M. Guisan, auquel il accorda toute sa confiance, ainsi que les moyens de se mettre à l'œuvre.

Un vaste desséchement fut exécuté par M. Guisan sur la belle rivière d'Approuague, et l'on y établit une sucrerie normale dont le succès dépassa toutes les espérances. Nombre d'habitants descendirent avec leurs ateliers de leurs hauteurs ingrates; des concessions leur furent accordées, et sur toutes les rivières des desséchemens furent entrepris ; desséchemens qui, par leur étendue, leur régularité, la profondeur des fossés et le développement des digues, ne manquent jamais de surprendre ceux qui les voient pour la première fois.

La canne à sucre, le cafier, le cotonnier, les plantes alimentaires furent confiés à ces terres conquises sur les eaux et donnèrent de véritables produits. Le giroflier y réussit en perfection, et avec le temps, on reconnut qu'il produisait bien plus tôt et que ses récoltes annuelles étaient plus régulières qu'en terre haute. La cueillette de son fruit était aussi plus facile sur un sol d'un niveau parfait, qui permettait de manœuvrer les échelles avec moins de dangers et de peines que sur des pentes escarpées.

De 1780 à 1794, la colonie avait fait un pas immense ; mais la révolution vint arrêter cet élan. L'esclavage fut aboli, la plupart des habitants quittèrent le pays, les nègres abandonnèrent le travail du sol, et la colonie languit ainsi jusqu'en 1802, où le régime de l'esclavage fut rétabli, sans aucune difficulté de la part des nègres eux-mêmes, fatigués d'une liberté dont ils ne savaient que faire.

A cette époque, un homme plein d'énergie, à vues étendues, M. Victor Hugues, fut nommé gouverneur de la Guiane. Il apprécia les plans de M. de Mallouet, les reprit en sous-œuvre et leur donna l'impulsion de son caractère énergique. Il fit creuser un canal qui devait défricher les belles alluvions de la plaine de Mahuri, et servir à la navigation des habitations qui s'établissaient sur ses deux rives.

Cette courte digression était nécessaire pour comprendre comment la culture du poivrier, jusqu'alors languissante, sembla devoir reprendre quelque vigueur.

M. Pernard aîné, aide de camp de M. Victor Hugues, avait

été employé activement à l'établissement du canal-Torcy, dont nous venons de parler ; il y obtint une concession sur laquelle il fit une plantation de cafiers. Comme cet arbuste demande à être abrité, M. Bernard imagina de le faire au moyen du poivrier et de son tuteur, espérant, avec quelque fondement, que cet arbuste prospérerait en terres basses, comme l'avaient fait les autres végétaux qui leur avaient été confiés. Précisément à cette époque on avait reçu, des Grandes-Indes, des semences du moringa, arbre que l'on assurait être le meilleur tuteur pour le poivrier, et il planta ces moringas à cinq mètres de distance en tous sens, parmi les lignes de cafiers, sur une étendue de deux hectares ; il eut ainsi une plantation de huits cents poivriers. Le reste du champ de cafiers fut abrité par des immortelles, avec l'intention de les garnir de poivriers à leur tour.

Dans ces terres d'alluvion nouvellement défrichées, et qui offraient à leur surface une couche de plus de 30 centimètres de terreau, les cafiers, comme les moringas, les immortelles et les poivriers, réussirent en perfection ; ces derniers étaient sur le point de fructifier lorsque la colonie fut prise par les Portugais en 1809. M. Bernard, obligé de suivre le cours des événements politiques, rentra en France. Les Portugais, violant la capitulation qu'ils avaient consentie, s'emparèrent des biens des absents, les vendirent, les affermèrent au gré de leur caprice ; la plantation des poivriers fut abandonnée, et personne ne s'occupa de suivre cet intéressant essai jusqu'en 1818, époque où la colonie était rentrée en la puissance de la France.

A son retour en cette année, M. Bernard trouva son habitation du canal dans un complet état d'abandon. Les fossés étaient engorgés, et les productions spontanées de la nature couvraient le sol. Il ne pouvait entrer dans ses plans de donner suite, sur ce point, à son projet de poivrerie ; cependant il fit planter des acajous sur les digues à l'abri des eaux ; des poivriers y furent aussi plantés, mais sans succès.

Toutes les vues de M. Bernard s'étaient portées sur son autre habitation dite les Deux-Rives, située sur la rivière de Cayenne et celle de Tour-de-l'Ile. Les Portugais l'avaient vendue, mais il la racheta à un prix fort élevé, tant il avait hâte de donner cours à un projet qui l'occupait depuis si longtemps et que les circonstances politiques seules l'avaient forcé de différer. Il y avait là de l'étendue, des terres hautes et basses, un bel atelier, et il se mit de suite à l'œuvre.

Jusqu'à ce qu'il eût chez lui ses souches de reproduction, M. Bernard éprouva bien des difficultés pour se procurer les plants qui lui étaient nécessaires ; d'ailleurs, l'expérience n'a que trop appris combien de ces plants périssent avant que leur reprise soit assurée, surtout quand on est allé les chercher fort loin. Nombre de tuteurs furent essayés, et la préférence était naturellement accordée à celui sur lequel le poivrier paraissait le mieux s'attacher à cette époque : c'était l'acajou.

Les choses en étaient là, lorsqu'en 1820, M. Perrotet, jardinier botaniste du Museum d'histoire naturelle, qui avait fait partie d'une expédition dont le but était d'apporter à la Guiane l'arbre à thé de la Chine et des Chinois pour l'y cultiver, introduisit dans cette colonie une foule de plantes et de semences des contrées orientales (1) et entre autres de l'Erithrina des îles de la Sonde, qu'il déclarait être le véritable, le seul tuteur du poivrier. Il en remit avec empressement à M. Bernard, et M. Thouin, à qui il avait fait parvenir ce qu'il lui en restait, se fit un plaisir de nous les remettre à nous-même pour les faire retourner à Cayenne, tant il portait d'intérêt, ainsi que nous l'avons dit, à la propagation en grand du poivrier dans cette colonie. Il se félicitait avec nous de voir s'évanouir enfin l'obstacle supposé à l'intéressante culture pour laquelle tant d'efforts avaient été tentés en vain. Telle était aussi l'opinion bien affermie de M. Perrotet, ainsi qu'on peut le voir par l'extrait que nous avons donné de son mémoire. Ce jeune botaniste, entraîné par son amour de

(1) C'est à cette époque que M. Perrotet apporta des îles Philippines le *Mûrier multicaule*, qu'il répandit dans nos colonies, et qu'il introduisit en Europe. Par reconnaissance, on aurait bien pu appeler cet arbre précieux le *Mûrier-Perrotet*.

la science, ne se lassait pas de vanter la beauté des champs de poivriers qu'il avait vus, l'extrême fécondité de cette plante, le peu de peine qu'exigeait sa plantation, sa culture et la récolte de son fruit.

L'érithrina fut donc semé, ses graines germèrent généralement, mais on trouva que ce n'était qu'une variété de l'immortelle érithrina, que la Guiane possédait depuis longtemps, et qui avait déjà été employé comme tuteur du poivrier. Le nouveau venu avait même sur l'ancien le désavantage d'être muni d'épines beaucoup plus aigues et d'une tête extrêmement touffue, qui faisait un véritable parasol sur le poivrier. Il fut donc promptement abandonné. L'immortelle n'avait point en réalité les défauts dont se plaignait M. Martin ; le poivrier ne perd sur lui ni ses feuilles ni ses fleurs ; il se dépouille, à la vérité, de ses propres feuilles deux fois par an ; mais c'est bien plutôt un avantage qu'un inconvénient, parce que le poivrier, originaire des pays situés sous la ligne, ne redoute nullement la chaleur, et qu'il faut élaguer plusieurs fois par an les tuteurs, quels qu'ils soient, pour laisser la liane jouir de l'influence de l'air et du soleil. Ainsi, les poivriers venus sur des perches, n'ayant par conséquent aucun abri, ne se ressentaient point des chaleurs de l'été, tandis que nous avons vu ceux abandonnés, et qui se trouvaient bientôt dans un bois, dans un pays où la végétation spontanée reprend si vite ses droits quand elle n'est plus contrariée, nous les avons vus, disons-nous, s'étendre en grimpant, comme toutes les autres lianes, jusqu'au sommet des arbres, pour y chercher la chaleur et la lumière, mais ils ne produisaient rien.

Les plus beaux poivriers que nous ayons vus soit aux Deux-Rives, soit sur notre propre exploitation, étaient sur des immortelles. Cet arbre réussit assez mal en terres hautes, ce qui l'a probablement fait rejeter par M. Martin, mais il pousse avec une grande vigueur en terres basses, et jamais nous n'avons vu le poivrier placé sur lui, perdre ses feuilles ni ses fleurs. La fougue de sa végétation nécessite plusieurs élagages dans l'année, mais c'est un travail facile, les plus grosses branches cédant au moindre coup d'instrument tranchant. Les débris de la taille pourrissent promptement, et fournissent un bon engrais au sol, mais il n'en est pas de même des épines, elles persistent longtemps et exposent les nègres à se faire des piqûres dangereuses ; c'est là le seul motif qui nous empêcha de multiplier l'immortelle sur notre exploitation, autant que nous l'aurions désiré, car, nous sommes convaincu que ce tuteur est encore préférable à tous les autres.

Quoi qu'il en soit, et malgré les belles allées plantées en immortelles que l'on voyait aux Deux-Rives, M. Bernard crût devoir donner la préférence à l'acajou, et fit pousser ses plantations jusqu'à soixante mille poivriers ; mais comme il fallait attendre la venue d'arbres de semences, il voulut accélérer ses produits, et pour cela il mit en terre jusqu'à quatre mille forts piquets de quatre mètres de hauteur, dont un enfoncé dans le sol ; et, prévoyant la destruction plus ou moins éloignée de ce genre de tuteurs, il sema au pied de chacun d'eux une noix d'acajou, afin que l'arbre pût à propos remplacer le piquet. En ceci il s'était trompé, par la raison que nous avons déjà donnée, c'est-à-dire par suite de l'obstination que met le poivrier à ne s'attacher qu'à son tuteur primitif. Aussi la dépense considérable faite pour ces piquets tomba-t-elle en pure perte.

Cependant les plus vives espérances étaient fondées sur cette plantation ; M. Perrotet l'avait préconisée, les officiers de la marine militaire, les capitaines des navires marchands qui avaient vu des plantations de poivriers dans l'Inde, ne cessaient de vanter les avantages de cette culture ; le gouvernement, et le ministère de la marine l'encourageaient ; une médaille d'or fut décernée à M. Bernard ; des capitalistes de France lui fournirent des fonds considérables ; tout enfin annonçait que la Guiane allait posséder une nouvelle et importante branche de revenu.

C'est à cette époque que, d'après les notes de M. Perrotet et de M. Bernard, les encouragements de M. Thouin, nous fîmes imprimer sous notre nom une brochure dans laquelle nous développions les idées patriotiques de M. Bernard, qui les a toujours fait marcher bien avant ses intérêts personnels. Il ne voulait rien moins que réaliser ses propres vues, et celles de M. Thouin sur la Guiane française. D'après tous les rapports, la culture du poivrier, son entretien, sa récolte étaient si faciles, qu'elles étaient à la portée du premier venu, même de cultivateurs européens, ce qui résolvait le problème difficile de l'accroissement indéterminé de la population du pays.

En 1825 nous fîmes un voyage à Cayenne, pour nous assurer par nous-même de l'état réel de la plantation des Deux-Rives, à laquelle nous nous étions associé. Quoiqu'en retard pour des produits saillants, et annoncés un peut trop tôt, nous la trouvâmes dans l'état le plus prospère, et paraissant devoir réaliser tout ce qu'on en attendait; mais nous fûmes aussi soumis à l'influence dangereuse que le savant et modeste professeur Yvart regrette d'avoir subie, et dont il recommande surtout à ses élèves de se garantir. « Cet enthousiasme exagérateur qui porte les auteurs à donner gratuitement aux végétaux qu'ils adoptent d'une manière absolue, et exclusive de tous les autres, et qu'ils voudraient qu'on adoptât de même, toutes les qualités désirables, et qui les porte également à se dissimuler, à modifier et à taire tout ce qui pourrait atténuer l'enthousiasme et l'erreur qu'ils communiquent aux autres. »

Ainsi, nous voyons des arbres chargés de fruits, et qui avaient déjà reçu des noms individuels caractéristiques, d'autres, qui en avaient moins, un grand nombre encore qui en avaient très peu, tandis que la masse, rampant d'une manière vigoureuse autour des tuteurs, cherchait à s'y attacher de quelque nature que fussent ces derniers. La conséquence paraissait juste ; quand les uns et les autres seront parvenus à l'âge des premiers, comme ceux-ci ils se chargeront de fruit. La promptitude du produit, la facilité de l'entretien et de la récolte étant censés bien établis, le corollaire suivait naturellement. Étendons la plantation, consacrons-y le terrain, les bras, les capitaux nécessaires, et nous arriverons à des résultats proportionnés.

Ce fut sur les lieux même que nous conçûmes le plan de l'établissement d'une grande poivrerie, et dès notre retour en France, nous nous occupâmes de le mettre à exécution. A cet effet, nous nous fîmes donner promesse de vente d'une habitation située sur la rivière de Cayenne, à proximité de celle des Deux-Rives, et qui possédait un bon atelier; nous proposâmes d'y faire une plantation de 250,000 poivriers, au moyen d'une société en commandite, dont le fond social, de 400,000 fr. divisé en 200 actions de 2,000 fr. chacune, était payable en un, deux et trois ans, avec l'espoir, alors bien fondé pour nous, que le troisième pacte, ne serait pas appelé, et que les premiers revenus le suppléeraient.

Nous nous gardâmes bien de baser notre entreprise sur le produit de quinze livres par arbre, comme l'avaient annoncé MM. Hussenet, Laforêt et Martin; encore moins au taux bien plus élevé qu'en attendait M. Bernard aîné. Nous crûmes faire une concession immense en n'évaluant notre moyenne qu'à 2 kilogrammes. Le poivre valait alors sur les places de commerce de 1 fr. à 1 fr. 20 le demi-kilogramme, et nous nous bornâmes à l'évaluer à 60 cent., prix au-dessous duquel aucun navire n'irait en chercher dans l'Inde, et que nous avons toujours obtenu dans nos ventes; mais d'après notre plan, malgré ces grandes restrictions, nous ne devions pas moins faire cinq cent mille kilogr. de poivre, et six cent mille francs de revenu, avec un capital social de quatre cent mille francs : si ce résultat paraît considérable, il n'est pas sans exemple et paraît tout naturel d'après les prémices, surtout parce que les personnes qui prirent part à notre entreprise étaient convaincues, comme nous l'étions nous-même, que les mécomptes, qui ne surviennent que trop souvent dans l'exécution des choses nouvelles, n'étaient plus à craindre, et que toutes les expériences étaient faites.

Notre société ne fut point une affaire de bourse, avec laquelle nous n'avions jamais eu l'ombre d'une relation; elle se forma pour ainsi dire en famille; des hommes honorables, presque tous placés dans une position élevée, et avec lesquels nous avions eu des relations dans le cours de notre carrière, nous donnèrent une grande preuve de leur confiance en s'empressant d'adhérer à l'acte de société, dont toutes les actions furent souscrites dans le court intervalle de quinze jours. Nous pouvons affirmer que pendant la quinzaine suivante, nous fûmes presque uniquement occupé à refuser des demandes d'actions, et que des offres de plus d'un million nous arrivèrent.

Les avantages que nous nous étions réservés étaient sans doute considérables : ils consistaient en 48 actions industrielles ; mais nous avions pris le soin de stipuler nous-même qu'elles n'entreraient en partage des dividendes, que lorsque les actionnaires seraient rentrés dans la totalité de leur mise de fonds, et des intérêts à 6 p. 0/0 par an. Jusque là, ces actions ne pouvaient être détachées du régistre à souche déposé chez le notaire de la société, et alors même, trente de ces mêmes actions ne pouvaient être négociées, mais devaient rester également en dépôt, comme garanties de la gestion du gérant, jusqu'à la fin de la société, dont la durée était fixée à quinze ans.

Ainsi, point de spéculation possible de la part du gérant, dont l'intérêt était de hâter le succès de son entreprise, pour pouvoir participer aux bénéfices. Le seul avantage présent que nous demandâmes, fut un traitement pendant trois ans, et qui pouvait être prolongé une année de plus, remplaçant à peu près celui que nous abandonnions, pour nous livrer uniquement aux travaux convenus. On jugeait le résultat si certain, l'opération si facile, que dans la crainte des concurrences, on nous imposa l'obligation de ne donner, vendre ni céder à personne des plants de poivriers.

Nous partîmes immédiatement pour Cayenne ; peu de jours après notre arrivée, nous fûmes mis en possession, le 1er août 1826 de l'habitation Terre-Rouge, acquise pour le compte de la société, et nous nous mîmes aussitôt à l'œuvre, avec toute l'ardeur que nous inspirait une entreprise qui se présentait d'une manière si séduisante.

La saison n'était pas favorable pour commencer les plantations, mais elle l'était pour préparer le terrain. Une grande partie de celui-ci avait été laissée sans culture, et abandonnée aux productions spontanées de la nature, le reste était planté en cannes à sucre qu'il fallut dessoucher. Les digues avaient été négligées, la plupart des fossés se trouvaient engorgés ; tout fut remis en état : le travail de la préparation du terrain fut grandement facilité par l'emploi inusité dans le pays de la charrue ; trois de ces instruments furent mis en exercice, et chacun faisait par jour la tâche de trente-cinq nègres. Les résultats de ce labour furent remarquables, en ce que la houe employée ordinairement n'aurait fait que couper sans les arracher des herbes profondément enranées, tandis que la charrue, exposant ces souches à l'ardeur du soleil équinoxial, elles périssaient jusque dans leurs plus minces parties. L'effet de ce travail se fit sentir pendant trois ans, car les herbes avaient changé de nature ; il n'en parût plus que de fines, que la houe détruisait avec facilité, et le sol se trouva ainsi disposé à recevoir les semences des tuteurs, et les plants de poivriers, aussitôt que l'arrivée des pluies permettrait de les lui confier.

D'après les conseils de M. Bernard, nous avions choisi l'acajou pour notre tuteur, et soit aux Deux-Rives, soit par achat, nous fîmes un grand approvisionnement de noix de cet arbre, sans pouvoir cependant nous en procurer assez pour compléter notre plantation dès la première année ; elle ne le fut même pas en acajou la seconde, et nous fûmes obligé d'y suppléer par d'autres arbres, ainsi que nous allons l'expliquer :

Avant de parler de ce qui est relatif au poivrier, nous donnerons, pour ne plus y revenir, notre opinion sur les divers tuteurs employés dans la colonie, et notamment aux Deux-Rives et à Terre-Rouge, où nous avons été à portée de les étudier pendant un grand nombre d'années.

A Terre-Rouge, l'acajou, l'immortelle, le manguier, le calebassier et un mimosa appelé vulgairement corail-végétal ou panacoco, ont formé la masse des plantations. Quelques arbres sauvages, venus spontanément ou restés dans les lignes, ont reçu des poivriers, mais ils étaient en petit nombre ; il y en avait davantage aux Deux-Rives, où ces arbres sauvages avaient été laissès à dessein pour avoir des tuteurs tout formés. Nous dirons en passant que c'est sur un de ces arbres sauvages, appelé par les nègres bois de lait, que se développa un poivrier d'une telle force et d'une si grande fécondité qu'il reçut le nom de *Grand Napoléon* ; comme les autres, il a péri après avoir donné quelques belles récoltes, et jamais un autre poivrier n'a réussi à sa place.

L'acajou, dont nous avons mis en terre peut-être quatre cent mille noix, croît avec rapidité ; le poivrier s'y attache d'autant mieux, que les élagages fréquents auxquels il est soumis le forcent à pousser le long de sa tige une foule de branches qui soutiennent les rameaux de la liane ; mais ces élagages font naître des chancres dans lesquels s'établissent les poux de bois ; l'arbre casse souvent sur ce point, et le poivrier est renversé. La tige, d'ailleurs, ne pouvant acquérir la grosseur à laquelle elle atteindrait dans l'état de nature, plie quelquefois jusqu'à toucher le sol, et ce n'a pas été un mince travail pour nous que d'en relever un nombre infini, au moyen d'étais à tête fourchue, qu'il fallait renouveller souvent parce qu'ils pourrissaient, ou que les poux de bois les dévoraient.

Cet arbre serait un excellent tuteur si, pendant les cinq ou six premières années, il n'était pas soumis à la taille et que l'on ne lui donnât le poivrier que lorsque sa tige aurait pris assez de force pour ne plus être sujette à plier sous le poids de la liane, du fruit et de la pluie dont elle est souvent surchargée. Mais ce serait une opération bien onéreuse de cultiver pendant si longtemps des arbres sans produit. Aux Deux-Rives, où comme partout, les poivriers ont péri successivement presqu'en totalité, tandis que les acajou ont continué à végéter et ont pris de la force, M. Bernard, reprenant ses plantations en sous-œuvre, a profité de cette circonstance ; mais depuis trois ans qu'il s'épuise en nouveaux efforts, le succès est loin de répondre à ses soins persévérants.

Au total, nous n'avons pas à nous plaindre de ce tuteur ; avec des soins, on peut remédier à ses inconvénients, et nous ne lui attribuons pas plus qu'aux autres les mécomptes généralement obtenus dans la culture du poivrier.

Nous avons déjà parlé plusieurs fois de l'immortelle, et il ne nous reste que peu de chose à ajouter sur ce tuteur. C'est un érithrina qui se rapproche beaucoup de celui qui paraît généralement employé aux îles de la Sonde. Nous en avons planté plusieurs milliers sur le terrain de Terre-Rouge, notamment dans les allées, où il fait un très-bel effet ; et nous en aurions planté bien davantage sans la difficulté de nous procurer des boutures avant d'en avoir de notre propre reproduction. Ce mode présente plusieurs inconvénients. Il faut que le moment soit bien choisi pour la reprise des boutures ; en outre, comme elles ont une certaine longueur, le vent les ébranle, et les jeunes racines, n'ayant pas encore assez d'étendue pour que la tige soit bien assurée dans le sol, c'est encore une autre cause de mortalité ; souvent aussi la tige, surchargée de son poivrier, s'incline sans plier ni casser et nuit à la régularité de la plantation. Nous nous sommes avisé plus tard de semer les graines de l'immortelle, et nous avons obtenu fort promptement de très beaux arbres ; il arrive à une bonne hauteur beaucoup plus vite que l'acajou, et, venu de cette manière, il ne craint ni les tailles fréquentes, ni l'ébranlement occasionné par les vents, ni le poids de son poivrier, auquel on peut donner tel développement que l'on veut. Nous conseillerons sans balancer le choix de ce tuteur, à quiconque serait encore tenté de faire une plantation de poivriers en terres basses.

Quoique nous eussions mis en terre, dans le courant des deux premières années, plus de quatre cent mille noix d'acajou, nous étions loin d'avoir toutes les places garnies. On concevra que bien des semences ne levèrent point, soit parce qu'elles n'avaient pas de germe, soit parce que des insectes avaient pénétré dans l'intérieur de l'amande et s'étaient nourris de sa substance, soit par d'autres causes qui accompagnent toute plantation. Les criquets, à leur tour, exercèrent de grands ravages ; s'ils coupaient les cotilédones, la plante était perdue, s'ils coupaient la jeune tige, l'arbre ne périssait pas, mais il poussait en buisson et devenait impropre au but pour lequel il était destiné. Néanmoins, avec des soins continuels, la masse se formait, les allées se dessinaient; mais nous ne tardâmes pas à nous apercevoir qu'un assez grand nombre d'acajous ne formeraient jamais de beaux tuteurs. C'est alors que nous nous décidâmes à suppléer ceux-ci par des manguiers et par le mimosa dont nous avons parlé.

Nous avions remarqué, sur une habitation voisine, celle de madame Malvin, une portion d'allée plantée en poivriers sur des manguiers; ils s'y étaient parfaitement développés et furent très féconds pendant quelques années. Comme cette petite plantation était en terres basses, analogues à celles de notre exploitation, nous espérions beaucoup de ce tuteur, et nous le multipliâmes considérablement en plaçant ses graines au pied de tous les acajous mal venus. Nous n'avons eu qu'à nous en louer; il pousse rapidement : sa tige est droite, ferme, et ne saurait plier de quelque poids que sa tête soit chargée. Cet arbre, originaire de l'Inde, s'est tellement naturalisé à la Guiane, où il devient de haute futaie, que les champs cultivés deviendraient des forêts de manguiers, si on ne sarclait avec soin les jeunes plants qui s'y montrent, car les nègres, avides de son fruit, en portent partout avec eux, et jettent les graines, qui poussent avec la plus grande facilité.

Toutefois, comme la graine de manguier pousse plusieurs tiges, il nous a fallu nous livrer à l'opération minutieuse de les arracher toutes à l'exception d'une seule; sans cette précaution, on aurait été exposé à avoir des touffes fort incommodes par la suite, au lieu de la seule tige dont on avait besoin.

Enfin, nous avons essayé en assez grand nombre un mimosa appelé dans le pays panacoco ou corail végétal, parce que sa semence, de l'espèce des légumineuses, est d'un rouge vif ressemblant au corail. Nous avions introduit nous-même ce végétal à la Guiane, en 1807, par le moyen de semences que nous apportâmes de la Martinique, sans nous douter que cet arbre, de pur agrément, deviendrait un jour pour nous un grand objet de culture. Nous en avions vu, à l'époque de nos plantations, chez

MM. Lambert, Marin, Denuzat, garnis de poivriers ; et comme en terres hautes ce mimosa ne nous parut pas prendre un grand développement, que nous nous étions assuré, chez M. Vidal, qu'il supportait la taille au point d'être en quelque sorte indestructible, nous résolûmes de l'employer comme tuteur, dans la disette où nous étions de noix d'acajou, et avant d'avoir pensé à employer les semences de manguiers et d'immortelles. Les semis en place eurent peu de succès ; alors nous fîmes germer les graines sur des places humides, et dès que le germe paraissait, nous les faisions transporter à leur place avec beaucoup de précautions. Par suite de ce travail minutieux, nous parvînmes à avoir plusieurs milliers de cet arbre. Heureusement, ces difficultés nous arrêtèrent, car ce tuteur est à coup sûr le plus mauvais, peut-être le seul que le poivrier rebute. Sa tige est droite, solidement tenue en terre, et rien ne la fait plier ; mais sa tête, en terres basses, est si touffue, qu'elle forme un épais parasol au-dessus du poivrier ; sa taille, à la vérité, est facile, car ses jeunes branches cassent comme du verre, mais elles repoussent avec une telle rapidité, en toutes saisons, qu'il faudrait sans cesse être occupé à les élaguer. Mais ce n'est pas tout, nous estimons qu'il existe, entre cet arbre et le poivrier, une de ces antipathies que l'on remarque entre certains végétaux. Quoique nous ayons vu du fruit sur tous les poivriers qui étaient parvenus à s'y attacher, nous n'en avons jamais trouvé un seul qui s'y fût franchement développé ; au contraire, ils s'y tenaient mal, et étaient presque toujours renversés avant d'avoir atteint les branches. Nous avons eu autant de peine à détruire ce malencontreux tuteur que nous en avions eu à le propager, et nous n'y sommes parvenu que par un écorçage rigoureux ; encore repoussait-il de la souche, et il fallait détruire les jeunes bourgeons avant qu'ils eussent pris de la consistance.

Pour nous résumer sur les tuteurs, nous dirons que notre opinion est qu'ils sont, à ce dernier près, à peu près indifférents ; que tout arbre peut en servir au poivrier, et que les conditions à désirer, sont une tige droite, bien soutenue en terre, et non sujet à plier ; que ses feuilles ne soient pas trop grandes, ni sa tête trop touffue, et que l'élagage, toujours indispensable dans ce pays de vigoureuse végétation, ne nuise pas à l'individu, et ne soit pas rendu trop difficile par la nature coriace de son bois.

Revenons au poivrier.

L'impossibilité de développer cette liane en treille n'étant pas encore reconnue, nous disposâmes nos tuteurs en lignes parallèles à 4 mètres de distance, tandis que dans la ligne même ils l'étaient à un. Si quelques poivriers manquaient, nous pensions que les tuteurs voisins serviraient d'appui aux autres, et si au contraire tous réussissaient, il restait encore pour chacun d'eux, sur les deux faces 8 mètres carrés de surface, les tuteurs devant avoir 4 mètres de hauteur. Tel était, du reste, l'ensemble du système adopté aux Deux-Rives après les premiers essais.

Tout avait été disposé pendant l'été pour pousser vigoureusement la plantation dès l'arrivée des pluies. Ici nous éprouvâmes notre première contrariété ; ces pluies, ordinairement régulières, ne tombèrent que par intervales mêlés de sécheresse ; il en résulta une grande perte de plants, aussi bien de ceux mis en terre que de ceux que nous allions chercher au loin, car il s'en fallut de beaucoup que les Deux-Rives pûsssent nous fournir tous ceux sur lesquels nous avions compté. Nous fûmes donc obligé d'avoir recours à l'obligeance des habitants qui avaient des poivriers, et nous fournirent les plants dont ils pouvaient disposer, avec un empressement dont nous ne saurions assez les remercier.

Nous poursuivîmes notre opération. La division du travail favorisa singulièrement cette immense plantation qui était double, puisqu'il fallait autant de tuteurs que de poivriers. Les trous de plantation furent toujours faits dans l'été, pour laisser le sol se pénétrer des influences athmosphériques ; puis les pluies venues, un atelier de planteurs, toujours le même, et choisi parmi les individus les plus intelligents, se partageait le travail ; les uns choisissaient les plantes, d'autres les plaçaient en terre, d'autres les recouvraient en mêlant à la terre sortie du trou le terreau répandu sur la superficie du sol. Nulle part, dans un jardin ou dans un verger, on n'a planté avec plus de soin des végétaux de choix.

Cependant, la plantation fut loin d'être achevée la première année ; les plants manquèrent, et beaucoup de ceux mis en terre périrent par suite de l'irrégularité de la saison; mais ceux qui réussirent, ne tardèrent pas à s'étendre sur le sol, et dès l'année suivante ils nous fournirent un certain nombre de plants propres à être propagés.

La seconde année, le travail prit une grande extension ; nous fîmes en outre environ douze mille provins en couchant un rameau de poivrier sous la terre, pour le faire sortir au pied du tuteur voisin, lorsqu'il manquait de sa liane. Ce mode, que nous supposions infaillible, a présenté des inconvénients ; d'abord, les négresses en arrachaient en sarclant avec leur houe dans l'intervalle des tuteurs ; plus tard, comme il était impossible de reconnaître les provins pour les sévrer de leur mère souche, il est arrivé que, lorsque celle-ci périssait, le poivrier éprouvait le même sort.

C'est dans le courant de cette seconde année que nous commençâmes le travail immense de lier les jets du poivrier à leur tuteur. Un atelier de jeunes enfants, conduits par une négresse intelligente faisait ce travail avec adresse et célérité ; nous avons dit pourquoi il était à peu près inutile.

Le sol alluvionnaire sur lequel nous avons opéré, est coupé de fossés destinés à recevoir les eaux pluviales, et à les évacuer à mer basse par des coffres d'écoulement ; un fossé principal d'une grande largeur, entoure le terrain, et de son déblai est formée la digue qui le met à l'abri des eaux de la marée, plus élevée que le sol à mer haute ; d'autres fossés moins larges coupent le terrain en divisions régulières, et leur déblai forme de larges allées qui partagent l'habitation dans tous les sens. Ces allées, selon leur plus ou moins de largeur, furent plantées de deux ou quatre rangs de poivriers.

Chaque division est en outre coupée de tranches ou petits fossés de deux pieds de largeur qui reçoivent les eaux des planches et les versent dans les fossés de divisions. C'est sur ces planches que furent plantés, suivant leur largeur, trois ou quatre rangs de poivriers.

Nous ne tardâmes pas à nous apercevoir que pendant la saison des grandes pluies, les poivriers, malgré ces creux multipliés, souffraient encore de l'humidité, et nous n'hésitâmes pas à entreprendre un travail considérable pour obvier à cet inconvénient. Nous fîmes fouiller le long de chaque ligne, à deux pieds de chaque côté, une petite rigole dont la terre fut jetée dans le rang des poivriers, ce qui les plaça sur une espèce de plate-bande. De distance en distance, une rigole en travers vidait les eaux dans la tranchée, d'où elles se rendaient dans les fossés.

Le bon effet de ce travail se fit sentir immédiatement; les poivriers s'élancèrent sur leurs tuteurs, et il nous fût permis de concevoir de grandes espérances. Si M. Perrotet avait été frappé de l'aspect que présentent les champs de poivriers à Java, on l'était généralement de celui qu'offrait notre plantation. Des allées de mille à douze cents mètres, bordées de ces élégantes colonnes de verdure, les divisions régulièrement plantées que l'on apercevait à travers ces belles allées, frappaient les regards de tous les visiteurs. Nous présumons que c'est l'un d'eux, officier de la marine royale d'Angleterre qui, après avoir parcouru l'habitation dans le plus grand détail, aura fait insérer, dans une revue anglaise, que la culture du poivrier était désormais acquise à Cayenne.

Partout où le poivrier a pris racine, il s'étend sur le sol dès la première année avec une grande vigueur; et cela nous a paru général, non seulement aux Deux-Rives et sur notre exploitation, mais partout où nous avons vu de jeunes poivriers. C'est ce qui nous avait particulièrement frappé à l'époque de notre arrivée, sur les habitations de MM. de Geneste et Thébaut de la Mondlerie qui en avaient chacun plusieurs milliers. C'est ainsi qu'ils se montrèrent sur la totalité de la plantation de Terre-

Rouge ; mais nous ne tardâmes pas à reconnaître que le développement subséquent n'était pas le même partout ; ainsi dans les divisions et les allées formant le littoral de la rivière, où les terres, fortement argileuses, se gonflent pendant la saison des pluies, et deviennent pendant l'été d'une dureté extrême, les racines délicates du poivrier souffraient de ces alternatives tranchées, et la liane ne se développait pas. Changer la nature de ce sol par les amendemens indiqués par les agronomes, tels, entre autres que le mélange d'une terre sablonneuse, était hors des choses praticables, dans un pays où le seul moyen de transport consiste en paniers portés à têtes de nègres. Cependant nous employâmes un moyen d'amendement qui rentrait dans l'ordre des choses possibles, et qui nous a réussi dans plusieurs circonstances, notamment dans l'amélioration d'un jardin potager, établi sur un sol de même nature. Pour cela, nous fîmes rassembler en tas, à peu de distance les uns des autres, les feuilles sèches, les herbes du sarclage, les menues branches provenant de l'élagage des tuteurs ; puis, couvrant ces tas de terre, à l'exception d'une seule ouverture, nous y fimes mettre le feu qui brûlait sourdement pendant vingt-quatre heures. La terre argileuse recevait ainsi une légère cuisson, et lorqu'elle s'était refroidie, elle était facilement répandue au moyen de la herse sur le pied des poivriers.

De bons effets suivirent cette pratique, mais ils n'eurent pas de durée ; la cause en est simple ; ce travail, fait après la plantation, n'était que superficiel ; les pluies diluviales entraînaient la terre d'amendement ; mais nous ne doutons pas que si cette opération avait été faite dans le principe, que le produit de l'incinération eut été bien mêlé au sol par des labours réitérés, ces terres intraitables n'eussent été ameublies ; et nous conseillons sans balancer cette méthode d'une exécution facile, aux planteurs qui voudront l'essayer. On ne doit point objecter que l'écobuage, qui fertilise d'abord le sol, l'épuise pour l'avenir ; ce n'est point pour les terres alluvionnaires des tropiques que l'on doit concevoir de pareilles craintes ; sur ces terres, animalisées par des myriades d'insectes, la végétation spontanée ne perd jamais sa puissance ; ce n'est jamais l'humus végétal et animal qui leur fait défaut, encore moins la chaleur, la lumière et l'humidité, mais les labours qui doivent les empêcher de s'affaisser sur elles-mêmes, et d'arriver à un état de compacité nuisible aux végétaux que le cultivateur leur confie.

En disant ce que nous aurions pu faire pour améliorer ces sortes de terres, nous ne prétendons point avancer que la culture du poivrier eut donné de meilleurs résultats. Nous avons entrepris de faire l'historique de cette culture, et nous devons indiquer avec exactitude les diverses phases par lesquelles nous avons passé ; car notre opération a été suivie avec une persévérance poussée jusqu'à la tenacité, et il nous importe de faire voir que nous n'avons guère négligé les moyens d'obtenir un succès que nous n'avons pu cependant atteindre.

Si les terres du littoral étaient, par leur extrême compacité, peu favorables aux racines délicates du poivrier, celles qui sont le plus éloignées de la rivière, quoique toujours d'alluvion et de nature argileuse, présentaient des inconvénients d'une nature tout opposée. Ici, les terres sont moins compactes, et leur superficie friable laisse trop facilement évaporer l'humidité. Il en résultait, qu'à moins de circonstances très favorables, les jeunes plants n'enfonçaient pas assez leurs racines pour les mettre à l'abri d'une sécheresse de quelques jours. Aussi, ce que ces terres nous ont coûté en remplacements est incalculable. Toutefois, c'est sur ces mêmes terres que les poivriers ont été le plus féconds relativement, et ce n'est à vrai dire que là qu'ont été faites les récoltes ; mais là aussi les mortalités se sont plus promptement prononcées.

Ces sortes de terres nous ayant paru maigres, nous aurions désiré pouvoir les fumer ; mais nous avons dit combien les transports sont difficiles. Pour suppléer aux engrais, nous fîmes venir de la gélatine, sous forme de tablettes de colle-forte grossière, et, la faisant dissoudre dans des vases plein d'eau, placés dans le champ même, nous allongions ensuite cette dissolution, fort épaisse, avec la quantité d'eau convenable, et nous en arrosions le pied de nos arbres. L'opération était facile, parce que l'eau était puisée dans les fossés qui entourent les divisions. Quel effet en avons-nous obtenu? Les résultats définitifs sont contre nous, ainsi nous n'avons droit ni de nous flatter d'un avantage, ni de conclure contre un procédé qui produit ailleurs les meilleurs effets.

Il en a été de même d'un amendement calcaire que nous avons employé sur d'autres points. La chaux ne se trouvant nulle part dans la Guiane française, celle qui est employée pour la maçonnerie y vient du dehors à l'état d'hytrate, et elle coûte fort cher. Nous avons donc imaginé de faire venir de France de la pierre calcaire. Après l'avoir calcinée, il nous était facile de la transporter en roches près du lieu où nous nous proposions de l'employer. Là, nous formions des massifs d'herbes, de feuilles, de curages de fossés, et nous y intercalions des couches de chaux qui, passant à l'état de carbonate, rendait solubre la fibre ligneuse des végétaux, et il en résultait un riche compost que nous répandions au pied de nos arbres. Mais ce procédé, si précieux dans d'autres circonstances, n'a rien changé non plus aux résultats définitifs.

La précocité du rapport du poivrier, annoncée, dans les mémoires dont nous avons cité des extraits, ne s'est point réalisée dans les importantes plantations dont nous parlons aujourd'hui. Celle des Deux-Rives, commencée en 1819, n'a fourni qu'en 1826 une bien faible quantité de poivre au commerce; il est vrai que la difficulté de se procurer les premiers plants et les travaux d'essai, ont apporté des retards à la production; mais à Terre-Rouge, plus favorisée sous ces deux rapports, les produits se sont aussi longtemps fait attendre. La plantation, commencée en 1827, n'a donné que 474 kilog. de poivre en 1830. C'était la quatrième année; la suivante en a donné 3862 et la progression a été en augmentant, puis en diminuant sur les deux plantations comme nous le dirons plus loin; et cependant, à la quatrième comme à la cinquième année, la masse des poivriers était dans l'état le plus florissant.

Plusieurs remarques importantes doivent être faites sur un résultat si éloigné de celui sur lequel on avait tant de raisons de s'attendre.

Nous dirons d'abord que nous croyons au prompt rapport du poivrier dans son pays natal, et que s'il avait dû être fécond à la Guiane, il l'aurait été de bonne heure, comme le sont toutes les lianes indigènes.

Les faibles récoltes dont nous venons de donner le chiffre, et les suivantes, qui n'ont jamais été proportionnées à la masse des arbres adultes, n'ont été produites que par un petit nombre de ceux-ci. Dès la troisième année, certains poivriers ont donné une notable quantité de fruit; l'un d'eux, récolté de notre propre main, nous a donné 14 kilogrammes de grappes qui, manipulées et séchées à part, ont rendu 3,5. de poivre sec; l'année suivante il n'en donna pas 0,06, et celle d'après il mourut.

Cette récolte à part, nous l'avons faite sur nombre d'arbres, et nous avons trouvé des produits de 7, 9 et même 10 kilogrammes, tandis que les commandeurs nous assuraient qu'il y en avait dans l'intérieur des divisions de plus chargés encore que ceux choisis par nous dans les allées, pour la commodité de nos observations. Notre œil avait fini par juger assez approximativement la quantité de poivre que portait un arbre, et nous pouvons assurer que ceux qui n'en avaient que 2 kilogrammes paraissaient ne presque rien porter; en 1839, où nous avons fini de nous convaincre que la Guiane n'avait pas adopté le poivrier, nous avons vu quatre ramasseurs dépouiller devant nous un arbre qui n'avait rien de remarquable dans son développement, et en retirer cependant un sac et demi de grappes, c'est-à-dire, 45 kilogrammes de vert, ou 11 kilogrammes de sec. Les arbres chargés ainsi sont étonnants; leurs feuilles sont à peu près toutes tombées à l'époque de la maturité du fruit, et les grappes sont plus nombreuses que ne l'étaient ces premières avant leur chute. Ainsi donc, si ce grand produit de quelques-uns avait voulu se diviser sur les autres, il semble qu'une moyenne de 2 kilogrammes dût être une chose toute simple ; mais c'est ce que nous n'avons jamais obtenu. Et voilà ce que cette culture offre de décevant ; ce qui, d'année en année, de récolte manquée à récolte attendue, nous a conduit, en travaillant sans relâche, à n'arriver à aucun résultat. Si les arbres féconds s'étaient montrés sur certaines divisions, sur certains tuteurs, et les inféconds sur d'autres, la nature du sol, l'exposition, le choix du tuteur, etc., eussent expliqué ce résultat anormal ; mais il n'en a pas été ainsi ; aux terres compactes du littoral près, où nous avons reconnu de bonne heure que le poivrier ne réussirait pas, partout ailleurs, sur la même planche, dans le même rang, sur des tuteurs de même espèce, à une exposition pareille, avec des soins identiques, en terres hautes comme en terres basses, on a toujours rencontré quelques arbres qui se chargeaient de fruit, tandis que la masse en avait très peu ou point.

Qu'on n'objecte point, comme l'a prétendu M. Jaumes Saint-Hilaire, que le poivrier est dioïque ; cette assertion ne pourrait se soutenir ; nous pouvons affirmer qu'il n'est pas un seul individu sur lequel nous n'ayons vu assez de fruit pour être assuré qu'ils sont tous hermaphrodites.

Nous avions cependant pensé à une certaine époque qu'il y avait, en effet, deux variétés de poivriers ; l'une, à feuilles larges, minces, d'un vert noirâtre, à végétation luxuriante, mais donnant généralement ou plutôt, sans exception, fort peu de fruits ; l'autre, à feuilles plus étroites, lancéolées, d'une végétation plus calme, parmi laquelle se trouvaient les arbres féconds sans qu'ils le fussent tous pour cela.

Nous n'avons pas négligé, lorsque nous en avons eu la possibilité, de choisir nos plants parmi cette dernière variété ; mais nos observations subséquentes n'ont pas tardé à nous convaincre que cette prétendue variété n'était due qu'à un état particulier de la plante. Ainsi, l'arbre sur lequel nous avions cueilli nous même 3 1/2 kil. de poivre, avait alors les feuilles lancéolées ; mais quand il les eut renouvelées, elles furent remplacées par ces feuilles larges, d'un vert foncé, qui accompagnent toujours l'infertilité, et cette observation, nous l'avons faite sur des milliers d'individus.

Nous avons eu vingt-quatre mille poivriers sur les allées qui coupent le terrain en tout sens, et nous fondions sur eux de grandes espérances. Sous l'œil du maître et des visiteurs, des soins plus particuliers leur étaient donnés, aucune négligence dans leur entretien ne pouvait être tolérée ; ils jouissaient de plus d'espace ; les tuteurs étaient plus élevés, et les poivriers avaient pris un magnique développement ; ces arbres seuls, en ne prenant pour base que la moyenne à laquelle nous nous attendions, auraient dû donner un bel intérêt du capital social ; mais il n'en a pas été ainsi ; généralement ces arbres ont été moins féconds que ceux de l'intérieur des divisions. Dans quelques-unes de ces allées où la force de la végétation nous paraissait devoir nuire à la fructification, nous avons essayé la taille, comme elle se pratique sur la vigne ; dans d'autres, nous avons taillé à grands coups de croissant, ainsi qu'on le fait pour les charmilles ; le résultat a été le même ; ni l'année de la taille, ni la suivante, nous n'avons obtenu des produits saillants.

On a dit que la plantation était trop considérable, et que les soins particuliers ne pouvaient lui être donnés comme on aurait pu le faire dans une plantation moins étendue.

Ce que nous venons de dire répond à cette objection, car les allées étaient bien une plantation particulière. Nous en avons un autre exemple tout aussi concluant :

Une division contenant six mille poivriers, avait reçu le nom de notre sous-gérant, jeune homme plein de zèle et d'intelligence, et les soins de cette division lui avaient été spécialement réservés ; rien s'y faisait que sous sa direction et par son ordre ; un jeune nègre d'une rare intelligence avait été attaché uniquement à cette division ; il n'était pas astreint comme les autres à travailler à la tâche ; il plantait, élaguait, binait le pied des arbres, et employait là les soins qu'auraient demandés un jardin potager. Les travaux d'entretien général étaient toujours faits en temps opportun, par un petit détachement choisi dans l'atelier entier. Tout a prospéré, tout a donné de fallacieuses espérances, comme l'a fait la généralité de la plantation, mais le résultat définitif a été le même, et aujourd'hui cette division, maltraitée comme les autres, a reçu, en désespoir de cause, une nouvelle culture qui profite à ravir des soins prodigués trop longtemps à ce sol rebelle au poivrier.

Ce produit si généralement irrégulier que ni nous ni personne n'a pu expliquer jusqu'à ce jour, n'est point la seule cause, quoique ce soit la principale, de l'infériorité de nos récoltes. M. Martin avance que les vents du nord ne sont point contraires à ceux qui sont soutenus par des calebassiers, parce que les feuilles de ce tuteur lui servent d'abri. Il devrait donc en être de même pour ceux plantés sur l'immortelle, qui ne se dépouille point à l'époque où les vents de nord soufflent, et encore plus pour ceux élevés sur le manguier, qui ne se dépouille jamais. L'expérience contredit cette assertion. En effet, les vents de nord régnant à la Guiane de décembre à mars, ils arrêtent partout la végétation, et sont plus ou moins nuisibles, selon leur plus ou moins d'intensité ; comment ne le seraient-ils pas sur un poivrier qui, n'ayant pas changé l'époque zodiacale de ses floraisons dans son pays natal, la montre ici précisément à l'époque où les vents de nord soufflent ? Les feuilles du tuteur sont là un bien impuissant abri, car, en supposant qu'elles brisent le vent, elles ne peuvent rien contre la température et c'est l'abaissement de celle-ci qui fait le mal, accru d'ailleurs par les pluies glaciales que poussent avec violence ces vents désastreux.

Il pourra paraître étrange aux habitants des zônes tempérées d'entendre ce mot *glacial* à propos de pays situés près de la ligne et au niveau de la mer ; mais tout est relatif, et quoique la température de cette saison soit encore de vingt degrés Réaumur ; elle n'en est pas moins sensible à des végétaux et à des hommes qui sont habitués à braver une chaleur de 44 degrés.

Tous les agriculteurs savent que la fécondation des fleurs

est une crise pour les végétaux; quelques précautions que la nature ait prise pour défendre l'embryon, il faut cependaut que la marche de la végétation suive son cours, et si au moment où les organes des fleurs se livrent à l'acte de la fécondation il survient des circonstances fatales, il en résulte l'avortement, le coulage.

Nous venons de dire que pour le poivrier, transporté de l'Inde à la Guiane, cet acte de fécondation avait lieu précisément à l'époque fâcheuse où règnent les vents de nord; toutefois nous ne prétendons point dire que cette circonstance entraîne la perte de toute une floraison, car nous n'en avons pas un seul exemple dans le cours de notre pratique. Il est des moments de calme, dans la nuit surtout, et la fleur en profite pour sa fécondation; mais tout le spadix n'est pas également abrité, et il en résulte que dans la grappe, nombre de grains avortent. Or, si une grappe qui devrait avoir soixante grains, n'en a plus que dix, que six, que deux, comme cela n'arrive que trop, il est facile de voir que la masse d'une récolte se réduit des cinq dixièmes, des neufs dixièmes, des vingt-neuf trentièmes. C'est ce que nous avons trouvé généralement partout où nous avons vus des poivriers. Nous pouvons citer entre autres ceux qui existent sur une habitation appelée le Califourchon. Ils présentent un tel développement en hauteur et en circonférence, que leur pittoresque propriétaire les a nommés les *Ducs* et *Pairs*. Nous les avons vus plusieurs fois tellement couverts de fleurs qu'on ne pouvait se tromper en les supposant devoir donner chacun 50 kilogr. de poivre sec; et cependant après la nouaison, sans que les grappes tombassent à terre, il leur restait une si minime quantité de grains, que tous ensemble, et il y en a plusieurs centaines, ne nous ont donné en 1832 que 68 kilog. et 1833 que 74, sans que leur produit ait jamais été plus considérable.

L'année 1837 a été si irrégulière dans l'ordre des saisons, qu'elle nous a fourni une preuve évidente de l'effet pernicieux du vent de nord sur le poivrier.

Cet arbuste commence à fleurir en décembre ou janvier, et la floraison se fait par parties successives pendant environ deux mois : cette année, le premier jet a eu lieu d'une manière satisfaisante, mais des vents du nord secs, ayant soufflé immédiatement après, et régné fort au-delà de l'époque ordinaire des grandes pluies, cette portée de fleurs n'a été suivie d'aucune autre, et les grappes ont été si incomplètes, que le sac, évalué en moyenne à 30 kilogram., et qui a toujours assez régulièrement rendu 7 1/2 de sec, n'en a produit, cette année, que 5.

On ne peut donc nier la mauvaise influence de ces vents sur la floraison du poivrier, et l'on commettrait une aussi grande erreur si l'on soutenait que les pluies diluviales ne lui font aucun tort. Ce serait sortir, en faveur de cette plante privilégiée, des lois ordinaires de la nature, car dans tous les climats, les averses sont fatales à la fructification des végétaux. Ici la preuve en est encore sous nos yeux, car la seconde floraison du poivrier ayant lieu après la saison des vents de nord, mais à l'époque des grandes pluies, elle est suivie aussi de beaucoup de grappes incomplètes.

On observera peut-être que le pays originaire du poivrier, situé, comme la Guiane, près de la ligne équinoxiale, est exposé aussi à des pluies diluviales et probablement à des vents pernicieux. Cela est vrai, mais la nature a donné aux plantes de chaque climat les facultés nécessaires pour se défendre de ces inconvénients; et, si sur toute la surface du globe les récoltes sont irrégulières, il n'est pas moins vrai qu'en prenant une moyenne de celles obtenues pendant un certain nombre d'années, on trouvera que le cultivateur finit toujours par être dédommagé de ses peines

Cette observation s'applique à la Guiane comme partout ailleurs, et si nous prenons pour exemple le rocouyer, tiré de ses forêts où il croît spontanément, pour être admis à la culture des champs, nous trouverons qu'exposé à l'influence des vents du nord et aux pluies d'averses, il en souffre plus ou moins, selon le plus ou moins d'intensité de ces circontances atmosphériques, mais que ses produits n'ont jamais amené des déceptions pareilles à celles du poivrier; ils sont toujours, indépendamment de ces circonstances, proportionnés à la meilleure ou moindre qualité du sol, aux soins du cultivateur, et, s'il rapporte moins en terres hautes qu'en terres basses, sur un sol usé que sur un fonds neuf, il est toujours possible de fixer une moyenne approximative de son produit, d'après des circonstances données.

Toutes les personnes qui ont parlé de la culture du poivrier ont appuyé sur la facilité de récolter son fruit, et pour nous, nous ne craignons pas d'affirmer que c'est en effet la plus facile de toutes les récoltes qui se font sous la zône Torride, et nous pourrions même ajouter sous toutes les zônes. Non-seulement la cueillette du poivre est facile, sans dangers ni grandes fatigues pour les ramasseurs, mais, par suite du procédé de manipulation que nous avons été heureux de découvrir, la denrée peut être livrée au commerce trois jours après être descendue des arbres, si le soleil en favorise la dessiccation, et huit jours au plus dans le cas contraire.

Mais quelle que soit la facilité de cette récolte, c'est pousser trop loin l'exagération que de supposer qu'un seul individu fera celle de mille poivriers supposés donner chacun quinze livres de poivre sec. Il faudrait pour cela qu'il pût, pendant chacun des cinquante jours que dure la récolte, cueillir douze milliers de grappes, et même vingt-quatre milliers au moment du coup de feu, ce qui tombe dans l'absurde.

Voici les méthodes simples que l'expérience nous a suggérées pour faire nos récoltes.

Nous avons substitué des sacs de grosse toile aux paniers usités dans le pays pour diverses récoltes, parce qu'il se perdait beaucoup de grains. Chaque ramasseur a deux de ces sacs, l'un petit, qu'il attache à sa ceinture et dans lequel il met le poivre qu'il cueille à la main, et l'autre plus grand dans lequel il vide successivement son sac de ceinture. Lorsque le grand est plein, le porteur le remplace par un sac vide et porte l'autre à la manufacture.

Des échelles doubles de 2 mètres 1/2, faites d'un bois léger et liant, suffisent pour la hauteur de nos arbres ; elles se trasportent facilement de rang en rang. La tâche est donnée selon la quantité de fruit qui est sur les arbres.

Le poivre, arrivé à la manufacture, y est vidé en grands tas sur le sol carrelé, et le soir nègres et négresses s'assemblent pour le manipuler.

Ici notre installation, nous pouvons le dire, ne laisse rien à désirer pour la promptitude et la facilité du travail. Nous avons établi des tables le long de chacune desquelles peuvent se placer neuf ou dix personnes ; elles sont d'une largeur de 96 cent. et beaucoup plus élevées sur leurs pieds de derrière que sur ceux de devant, ce qui leur donne une inclinaison suffisante pour que les grains de poivre ne puissent s'y maintenir ; elles sont bordées de linteaux de trois côtés, et le devant a encore une élévation suffisante pour pouvoir y adapter une longue caisse dont nous ferons connaître l'usage,

Les égréneurs se placent sur le derrière des tables, et sont portés par une banquette qui place leur ceinture à la hauteur de ces tables sur lesquelles on jette successivement des monceaux de grappes ; alors, en faisant le mouvement de laver du linge, on frotte les grappes dont les grains se détachent, roulent et viennent se rendre dans la caisse placée horizontalement sous le bord inférieur de la table. Les grappes dégarnies sont jetées derrière sur les planches, et le lendemain, elles sont visitées par les enfants, qui enlèvent le peu de grains qui y sont restés attachés.

Il ne s'agissait plus que de faire sécher le poivre, mais ici, sans une application heureuse de ce qui se fait dans une préparation bien différente, nous serions venu nous heurter contre une difficulté insurmontable, si nous avions eu les masses de produits que nous espérions, et qui nous eut mis dans de grands embarras même pour les récoltes médiocres que nous avons faites. C'est ce que nous devons expliquer.

Le grain de poivre se compose d'un noyau renfermant une

amande, d'une pulpe sucrée et d'un épiderme qui recouvre le tout; l'épiderme vert d'abord, puis orangé devient d'un rouge corail lorsque le grain est mûr, et noir lorsqu'il est sec; or, la pulpe sucrée entre facilement en fermentation, et si les grains sont mis en tas, ou ne reçoivent pas très promptement une complète dessiccation l'épiderme moisit, et prend une teinte grisâtre fort désagréable à l'œil. Le poivre il est vrai, si la fermentation n'a pas été poussée au point d'altérer le noyau, n'en est pas moins bon, parce que sa vertu aromatique et caustique ne gît point dans l'épiderme, mais cette moisissure lui ôterait toute valeur dans le commerce.

Le girofle, pour une cause différente, demande aussi à ne pas être mis en tas ni exposé à la pluie, parce que dans l'un et l'autre cas il blanchit et perd la moitié de sa valeur; mais le haut prix de cette épice, à l'époque où les arbres introduits à la Guiane entrèrent en rapport, permit aux planteurs de faire des dépenses, pour obvier à ce grand inconvénient. Ainsi, ils construisirent des manufactures dont le rez-de-chaussé était assez élevé au-dessus du sol, pour placer au-dessous de longs tiroirs glissant dans des coulisses prolongées en dehors; le girofle est étendu dans ces tiroirs que l'on rentre la nuit ou à l'approche des grains de pluies.

Ce moyen est infaillible, mais quel développement de manufacture et quelles dépenses il eut exigé pour une grande quantité de poivre dont la valeur est si minime!

Nous nous rappelâmes heureusement la méthode employée dans les pays méridionaux pour sécher les raisins de caisse. On croit généralement qu'il ne s'agit que de les exposer au soleil, il n'en est point ainsi; les raisins pourriraient avant de sécher; on les immerge donc préalablement dans une lessive caustique bouillante, après quoi on les étend au soleil sur des claies; la peau se ride, et il ne faut que quelques jours pour qu'ils soient complètement secs, et en état d'être transportés partout.

C'est le procédé que nous avons suivi pour empêcher la fermentation de la pulpe sucrée du grain de poivre, mais nous n'avons pas été obligé d'employer la lessive caustique, l'immersion dans l'eau bouillante ayant suffi ; dès lors, nous pûmes laisser notre poivre sur des glacis à la pluie ou au soleil, le jour et la nuit ; nous l'avons vu quelquefois recevant la pluie pendant plusieurs jours de suite, sans qu'il en fut le moins du monde détérioré. Quelques heures de soleil, et il est fort rare que dans la saison de la récolte, il ne paraisse pas à divers intervalles de la journée, suffisent pour faire évaporer l'eau et le sécher complètement.

Beaucoup de grains mûrs, par l'effet de l'immersion dans l'eau bouillante et le remuement au rateau sur le glacis, se dépouillent de leur épiderme ; ce serait du poivre blanc s'ils étaient bien lavés ; mais l'on conçoit qu'en grand il serait impossible de faire un tel triage. Ces grains ne sont donc pas ce que l'on appèle dans le commerce, du poivre blanc, ni non plus du poivre noir ; dépouillés de leur pellicule, ils sont ronds, lourds et d'une couleur brun foncé, et comme il y en a toujours un grand nombre mêlés à la masse du poivre noir, nous avons craint, dans le principe, que ce coup d'œil ne nuisit à sa vente ; mais nous avons promptement été rassurés à cet égard, parce que nous avons appris, qu'à la consommation, les épiciers recherchaient ce poivre dont ils trient et font laver à l'eau tiède les grains dépouillés, et obtiennent ainsi sans perte de poids et avec facilité une certaine quantité de poivre blanc d'un prix supérieur au noir.

On pourra nous demander pourquoi, attendu cette supériorité de prix, nous n'avons pas fait nous-même du poivre blanc ? Telle était en effet notre intention, car à l'époque où nous avons commencé notre exploitation, le poivre noir valait en France un franc, tandis que le blanc en valait trois. Nous avions même trouvé un moyen facile pour cette manipulation. Pour cela nous faisions de gros tas de grappes de poivre, et nous les couvrions de feuilles de bananiers, que nous chargions encore de planches ; tous les grains ne tardaient pas à rougir, et peu importait que la fermentation s'établit, puisque l'épiderme devait être enlevé. Au moment convenable, on trempait le poivre dans l'eau bouillante, on l'étendait sur le glacis, puis, des enfants armés de briques le frottaient de manière à enlever la pellicule et la pulpe, on le lavait à l'eau courante, et on le faisait sécher.

Mais à la même époque, on a découvert en France un procédé pour faire le poivre blanc avec le noir, ce qui a fait baisser considérablement la valeur du premier. Nous avons calculé que la perte en poids équivalait précisément à la plus-value des prix, en sorte que les frais de manipulation seraient restés à notre charge, outre que le placement du poivre blanc, dont la consommation est limitée, eut été plus difficile.

Pour tremper le poivre à l'eau bouillante, nous avons établi un équipage de cinq chaudières en cuivre, chauffées par le même foyer : une haute cheminée donne de l'activité à la flamme, en sorte que lorsqu'on trempe un panier de poivre froid, l'ébullition n'est interrompue que pendant très peu de temps.

Il ne nous restait plus, pour compléter la manipulation du poivre, que de trouver le moyen de le faire sécher. M. Martin dit qu'on étend les grappes sur des planches ou des draps, et que cinq ou six jours suffisent pour le faire sécher.

Nous trouvons là une nouvelle preuve que M. Martin n'a écrit que d'après ce qu'il a vu sans doute aux Indes, mais qu'il n'a jamais récolté ni vu récolter, à M. Hussenet ou d'autres, une quantité un peu considérable de poivre.

En effet, le grain séparé de sa grappe, offre déjà un grand encombrement, et nous l'estimons au triple au moins quand il n'en a pas été détaché. Or, en grand, voici une donnée positive sur cet encombrement : 50 kilogr. de poivre vert en grains, occupent, sur une épaisseur de cinq pouces, cinquante quatre pieds carrés. Il est inutile de le mettre à une plus grande épaisseur, car il faudrait d'autant plus de temps pour le sécher qu'il serait étendu plus épais. Si l'on est favorisé par le temps, que le poivre ait été ébouillanté, et qu'on ait soin de le remuer souvent sur le glacis, dès le second jour on peut réunir deux glacis, et le troisième en mettre trois ensemble, parce qu'il diminue considérablement de volume ; mais s'il n'a pas été ébouillanté, outre qu'il court le risque de se moisir à la pluie et à la rosée, toutes circonstances égales d'ailleurs, il lui faut le double et même le triple du temps nécessaire au premier pour sécher complètement.

Quant à faire sécher sur des toiles, ce serait une dépense exhorbitante, par l'immense quantité qu'il en faudrait et le peu de durée qu'elles auraient; car elles seraient bientôt détruites par les alternatives continuelles de pluie et de soleil, et surtout parce qu'elles seraient incessamment dévorées par les thermittes ou poux de bois.

Guidés par l'indication de M. Martin, nous commençâmes par faire des séchoirs en planches : celles-ci étaient assemblées en largeur par un bouvetage, et leurs deux extrémités étaient enchâssées dans des rainures creusées dans des bois de cinq pouces d'équarrissage, portés eux-mêmes sur des patins de briques, pour isoler le tout du sol.

Mais, quoique nous eussions employé pour cette construction d'excellents bois du pays, la même alternative de chaleur et d'humidité fit déjeter les planches d'une manière telle, qu'elles se déjoignaient et le poivre tombait à terre. Il fallut donc renoncer à ce mode, malgré la dépense faite, et, comme les arbres paraissaient à cette époque devoir donner de grandes récoltes, nous nous hâtâmes de construire des glacis en maçonnerie pour les recevoir.

La cour de l'établissement fut nivelée, et partagée en quatre divisions de soixante pieds de long sur cinquante de large, séparées par des chemins de service de douze pieds. Chaque division fut partagée en quatre glacis de cinquante pieds de long sur quinze de large, tous encadrés dans un petit mur de maçonnerie d'une brique boutisse d'épaisseur, dépassant de quatre pouces de hauteur le carrelage du glacis. Nous donnâmes à celui-ci une pente partant de chaque côté de la largeur, et se rencontrant au centre à une autre pente de haut en bas, en sorte que les eaux pluviales se rendent par cette espèce de cassis à l'extrémité inférieure, d'où elles s'échappent à travers un daleau fermé par une petite pomme percée de trous.

Cette construction, qui offre quelque chose de grandiose, a rempli parfaitement son but, et nous n'avons rien eu à y changer par la suite. Nous avons fait faire cet ouvrage, d'un assez grand développement, puisqu'il présente une surface de douze mille pieds carrés, sans y comprendre les murs d'encadrement, par deux nègres intelligents auxquels nous avons mis la truelle en main, et, pressés par la saison, nous les avons fait travailler même pendant les pluies les plus violentes, avec la seule précaution de les mettre sous une tente mobile, que l'on plaçait sur les divers points où l'ouvrage se portait.

Au moyen de cette superficie de douze mille pieds carrés, nous avons séché à l'air les quarante milliers de poivre récoltés en 1835. Mais c'est, à peu de chose près, tout ce qu'ils auraient pu contenir, aussi avions-nous fait d'avance les encadrements de seize nouveaux glacis : mais les produits, à partir de 1835, ont toujours été en déclinant, et c'est avec un vif sentiment de regret que nous avons enlevé ces derniers matériaux pour les employer aux usines de la nouvelle culture, qu'en désespoir de cause nous avons substituée à celle du poivrier.

Nous avons laissé la manipulation du poivre au moment où les grains, séparés de leur grappe, se sont rendus en roulant dans la caisse placée au-dessous du bord inférieur de la table. Ces caisses sont percées à leur fond de plusieurs ouvertures circulaires, auxquelles sont adaptées des manches en toile fermées par une coulisse ; on dirige ces manches dans de grands paniers, contenant chacun environ 30 kilogr. de grains, et surmontés de fortes anses. Quand les paniers sont pleins, deux hommes, armés d'un levier, s'en emparent, passent l'un d'un côté l'autre de l'autre de l'équipage, et, à un signal du chef, les cinq paniers sont plongés chacun dans sa chaudière remplie d'eau bouillante ; ils y restent le temps qui a été reconnu nécessaire ; et, à un nouveau signal du chef, tous les paniers sont soulevés. On les laisse égoutter un moment, puis, par une contre-marche, les hommes se rendent à la file sur un glacis, vident leurs paniers, et écartent le poivre avec un rateau.

Toutes ces opérations se suivent sans se heurter, jusqu'à ce que tout le poivre cueilli dans la journée ait été égrené, échaudé et mis dans le séchoir. La plus forte cueillette journalière que nous ayons faite s'est trouvée de 126 sacs, donnant 3,780 kilogr. de poivre vert ou 945 de sec, et une heure et demie a suffi pour la manipuler complètement. Quelle est, nous pouvons le demander, la denrée coloniale qui demande aussi peu de temps pour être préparée, si l'on réfléchit, surtout, que trois jours après, huit au plus, on peut la livrer au commerce ?

Ce travail n'a rien de pénible, rien de désagréable : les nègres le font en chantant, les enfants dansent et battent du tambour : le mouvement animé de ceux qui égrènent, de ceux qui alimentent les tables, le feu ardent du foyer, le va et vient des nègres qui remplissent les paniers, les trempent et les transportent au dehors, tout cela fait un spectacle qui ne serait pas sans intérêt pour un observateur.

Le poivre une fois sec, est transporté brut dans un grenier aéré à volonté, qui règne tout le long de la manufacture, et il y reste jusqu'au moment de le livrer. Alors on le fait descendre par des ouvertures pratiquées à travers le plancher, et qui sont armées de manches en toile, lesquelles le conduisent dans la trémie d'un tarare ; les grains vides, les débris de spadix, la poussière, sont chassés d'un côté par le vent de la machine, et de l'autre le poivre net est successivement reçu dans des sacs ; il n'a pas d'autre opération à subir, et il peut immédiatement être livré.

D'après le rapport des courtiers des principales places de commerce, auxquels nous avons soumis des échantillons de nos poivres, rapports que nous conservons, cette denrée a été trouvée d'une qualité supérieure, notamment sous le rapport de l'arôme et du piquant. Comment n'en serait-il pas ainsi ? Cette épice se présente à la consommation peu de temps après avoir été récoltée ; la traversée de l'Atlantique est prompte, tandis que le poivre venant de l'Inde, où l'on va faire un chargement de port en port, est souvent emmagasiné depuis plus d'un an, quand on le charge en grenier, et qu'il éprouve tant de remuements qu'il ne peut manquer de perdre une partie de ses qualités.

Après avoir démontré d'une manière si positive combien la culture du poivrier serait avantageuse, on ne doit pas être étonné des efforts tentés pour la propager, dans celle de nos colonies qui paraissait le plus apte à l'adopter, et dont, sans contredit, elle eut fait la fortune. En effet, laissons les produits annoncés de 7 kilogr. 5, et plus, laissons encore la modeste moyenne de 2 kilogr. que nous étions fondés à croire pouvoir nous servir de base ; déduisons un cinquième des 250,000 arbres que nous avons eus, pour faire la part de ce qui ne réussirait pas, et bornons nos produits annuels à la minime quantité d'un quart de kilogr. par arbre ; il n'en serait pas moins résulté un produit de 50 mille kilogr. en denrée et de soixante mille francs en argent. Or, la plantation une fois établie, l'entretien annuel eut été largement couvert par une somme de vingt mille francs, il serait donc resté quarante mille francs de bénéfice net, c'est-à-dire dix pour cent du capital social de quatre cent mille francs. Quelle est la denrée coloniale qui donne aujourd'hui un tel intérêt de son capital, si l'on considère surtout que le travail pour l'obtenir n'a rien de pénible ?

Avec une telle marge devant nous, marge qui pouvait encore être notablement réduite, nous avons dû persévérer jusqu'à ce qu'il nous fût évidemment démontré que nous ne parviendrions même pas à couvrir nos dépenses, réduites au dernier terme du possible.

Cette conviction nous est arrivée, non par suite du choix du tuteur, objection que nous avons complètement réfutée, ni par les ravages du vent de nord et les grandes pluies qui ne détruisent pas tout, mais par le peu de fécondité du plus grand nombre des arbres, et encore par leur mortalité subite et prématurée.

C'est un proverbe créole, *que les plantes aiment la voix du maître*. On veut dire par là que les plantes qui sont autour de la demeure du maître réussissent généralement, non parce qu'elles l'entendent parler, mais parce qu'elles profitent de soins plus assidus et de tous les débris qui sortent de sa demeure. On en voit des exemples frappants duns le hameau formé par les cases des nègres ; là, arbres fruitiers, plantes potagères, sont d'une fécondité remarquable.

C'est sur un terrain pareil que furent plantés les premiers poivriers aux Deux-Rives, le succès parut assuré ; mais ces arbres, à très peu d'exception près, ne donnèrent pas plus que les autres et périrent les premiers.

Il en a été de même chez M. Marin, planteur judicieux et persévérant, qui avait placé une centaine de poivriers autour de sa maison, et qui leur donnait des soins de tous les jours. Il n'a jamais récolté un sac de poivre, et ses arbres ont péri successivement jusqu'au dernier.

Les mortalités se prononcèrent d'abord aux Deux-Rives, puis, sur notre exploitation qui était plus récente. Au moment où le fruit est bien noué, où le noyau commence à se former, et principalement sur les arbres chargés de fruits, c'est alors que ceux-ci périssent en vingt-quatre heures. Le mal vient sans doute de plus loin, et évidemment il gît dans la racine ; car, si au moment où l'on voit les feuilles commencer à jaunir, le pédoncule des grappes se flétrir, l'on touche le cep, on le trouve vide et, le plus souvent, déjà séparé de son collet ; la substance médullaire est détruite, et l'on ne trouve à sa place qu'une poussière noire ; les ceps les plus gros disparaissent sans laisser presque aucun débris.

D'abord, les mortalités sont individuelles et se présentent de loin en loin dans les rangs ; puis, plusieurs arbres voisins périssent, et le mal, semblant devenir contagieux, des rangs presqu'entiers disparaissent. Ce funeste effet, nous l'avons observé dans une allée à quatre rangs qui avait si complètement réussi d'emblée que nous n'avions pas été dans le cas de faire un seul remplacement. Quelques arbres périrent d'abord, puis un grand nombre ; enfin, au bout de trois ans, à partir des premières mortalités, quelques-uns seulement avaient échappé au destin commun.

Il est naturel de penser que dès que les mortalités se sont prononcées, nous avons mis tous nos soins à faire immédiatement les remplacements ; nous y avons mis en effet une grande persévérance ; nous avions alors des plants sous la main, et nous avons profité, sans jamais nous lasser, des moindres chances que nous donnaient les saisons ; nous seuls pouvons savoir l'immensité de ce travail incessant, mais il nous a démontré que l'assolement est une loi générale de la nature végétale, et qu'un arbre réussissait rarement là où il en était mort un de la même espèce ; aussi pouvons-nous dire que malgré notre persévérance poussée peut-être jusqu'à l'entêtement, nous n'avons jamais pu réussir à approcher, même de fort loin, du premier complet de nos lignes. Les mortalités sont arrivées au point que, forcé enfin de substituer une nouvelle culture à celle du poivrier et obligé de faire couper les tuteurs pour dégager le terrain, nous avons cependant prescrit de laisser debout tous ceux qui étaient encore garnis de leur poivrier. Hé bien ! sur telle planche qui devait avoir six cents poivriers, il ne s'en trouvait plus que vingt-cinq ; quelquefois plus, quelquefois moins ; et, dans les unes comme dans les autres, les poivriers, au lieu de profiter du dégagement qui venait de leur être donné, ont continué leur marche mortifère.

M. Martin dit que le poivrier est sujet à la piqûre d'un ver qui s'insinue entre le bois et l'écorce, et qui le fait quelquefois périr.

Lorsque les mortalités se sont montrées dans nos plantages, nous avons dû porter notre attention vers cette cause assez vraisemblable ; mais nos recherches minutieuses et répétées ne nous ont point fait découvrir cet insecte, dont les ravages n'auraient dû s'exercer que sur les racines, puisque c'est toujours-là que le mal s'est montré. Nous avons fouillé avec soin des arbres récemment morts, d'autres à la moindre apparence de maladie, et d'autres encore sur lesquels aucun symptôme fâcheux ne s'était manifesté : mais qui se trouvaient les plus voisins des morts et des mourants ; nulle part nous n'avons trouvé de larve d'insecte. A une certaine époque, à la vérité, nous vîmes grand nombre de chrysalides enfermées dans des cocons suspendus aux poivriers, et les jugeant suspectes, nous les fîmes ramasser par les nègres qui sont sans cesse le long des lignes pour les divers travaux de la culture. Nous leur accordâmes une légère prime, et il nous en rapportèrent une grande quantité ; nous les fîmes brûler, mais nous attendîmes la transformation de quelques-unes ; les œufs nous donnèrent des chenilles qui se nourrissaient de diverses feuilles, mais qui ne voulaient point manger celle du poivrier. Ce n'était donc pas une larve d'insectes qui vivent sous le sol et se nourrissent de racines de végétaux (1).

La Guiane fourmille d'insectes de toute nature, et ils sont à vrai dire le fléau du pays ; plusieurs exercent leurs ravages sur les végétaux cultivés ; des pièces de cannes, de bananiers, sont quelquefois détruites en entier par le rouleux, larve d'une espèce de hanneton, qui, comme le ver blanc de l'Europe, ronge les racines des plantes, pénètre dans la moelle des arbres et les fait périr : les fourmis-manioc dévorent en une nuit des champs de cette plante alimentaire qui fournit le pain du pays ; les chenilles détruisent aussi rapidement des plantations de cotonniers, ou ces arbustes périssent envahis par des pucerons.

Mais ni le ver blanc, ni la pyrale de la vigne, ni tant d'insectes nuisibles dans l'ancien continent ; ni le rouleux, les fourmis-manioc, les chenilles, etc., du nouveau, ne font point disparaître l'espèce des végétaux dont-ils se nourrissent ; leurs ravages sont de rudes fléaux, mais des fléaux passagers, et les récoltes subséquentes apportent un dédommagement au cultivateurs. Quel serait donc cet insecte inconnu, qui se dérobant aux investigations, exercerait d'une manière incessantes ses ra-

(1) Ces chrysalides, qui se montrèrent par milliers sur nos poivriers et acajoux en 1831, n'ont plus reparu depuis. En nous rappelant la forme de leur cocon, nous sommes tenté de penser que c'est le même dont M. Beauvis est parvenu à dévider la soie. Nous en avons fait chercher, mais inutilement.

vages sur une plante, jusqu'à ce qu'il l'ait fait disparaître du sol qui la porte, contre les lois éternelles de la nature, qui a si bien veillé à la conservation de ses créations ?

Nous ferons encore une observation ; les insectes attaquent les végétaux de tous les âges ; on pourrait même dire qu'en général ils préfèrent les plus jeunes ; comment celui qui attaque le poivrier ne le ferait-il précisément que quand celui-ci est adulte ? Car nous n'avons jamais vu mourir un poivrier qui n'avait pas encore produit. Nous ne pensons donc point que ces mortalités puissent être attribuées à des insectes ; toutefois, nous conviendrons que nos recherches pour découvrir celui qui serait supposé détruire cette liane, quelques soins que nous y ayons apporté, n'ayant été faites qu'à l'œil nu, nous ne pouvons en conclure qu'il n'est pas attaqué par quelque larve microscopique.

Il reste à examiner si l'on doit considérer le poivrier introduit à la Guiane seulement depuis cinquante-deux ans, et toujours renouvelé de ses propres rejetons, comme arrivé à un état de dégénéressence tel que sa sève affaiblie devienne la pâture d'insectes microscopiques.

Nous ne pouvons adopter cette opinion, car d'après nos recherches, dès son arrivé à la Guiane, le poivrier n'a donné que des produits irréguliers, et il y a toujours été sujet à des mortalités subites, effets que l'on attribua à tort au mauvais choix de son tuteur. Jamais, comme le cafier aux Antilles, le giroflier à Cayenne, et une foule d'autres végétaux exotiques, il n'a eu sa période de prospérité. Si sa durée n'a pas été généralement aussi longue qu'on s'y attendait, il en existe cependant encore de primitifs, ou au moins de très anciens. Aux Deux-Rives on en voit qui ont vingt-ans, et il y en a à Terre-Rouge bien des milliers âgés de treize ; or, ce temps était suffisant pour faire la fortune des planteurs, si tous les arbres avaient donné les masses de produits récoltés partout sur quelques-uns. Ainsi, sur notre exploitation, avec une moyenne de 2 kilogr., moyenne bien faible proportionnellement à ces masses, nous aurions eu le temps de récolter plusieurs millions de poivre, depuis l'époque où nos arbres ont été adultes, jusqu'à celle où les mortalités se sont prononcées ; et dans cette hypothèse, nous nous serions bien gardé d'en couper un seul avant sa mort naturelle, pour faire place à une autre culture ; enfin, il nous en reste un assez grand nombre pour faire plusieurs centaines de milliers de poivre, là où nous n'en avons récolté l'année dernière que 213 kilogrammes.

Les personnes qui ne voient que la superficie des choses, ont voulu expliquer l'infériorité de nos récoltes ; 1° par la trop grande masse de notre plantation, qui n'aurait pas permis de l'entretenir comme aurait pu l'être une moins étendue.

Ceci est en raison composée de l'étendue du sol, du nombre de bras qu'on y emploie, et de l'intelligence du planteur ; mais nous avons déjà réfuté cette objection en parlant de nos allées et d'une division spéciale ; d'ailleurs, qu'elles sont les petites plantations qui ont donné du produit? la nôtre, toutes proportions gardées, a été plus productive qu'aucune autre du pays, grande ou petite.

2° Par le trop grand rapprochement des arbres, qui ne les aurait pas assez laissé jouir de l'influence de l'air et de la lumière.

Aux Indes orientales, les poivriers sont plantés à 2 mètres de distance dans tous les sens, ce qui en suppose 2,500 par hectare ; sur notre exploitation, ils le sont à 1 mètre dans un sens et à 4 dans l'autre, ce qui forme une charmille recevant l'air des deux côtés par des allées de 4 mètres et une contenance égale de 2,500 arbres par hectare ; d'ailleurs, les arbres de nos allées jouissaient d'encore plus de dégagement, et cependant ils ont constamment été moins féconds que ceux des divisions, plus rapprochés entre eux ; en outre les mortalités n'ont que trop laissé d'espace à ceux qui restaient, et les arbres plantés ailleurs à grandes distances ont-ils été plus féconds?

3° Aux ravages des oiseaux qui dévoraient les récoltes, et ceci même est passé en force de préjugé chez bien des gens.

Plût à Dieu que nos funestes mécomptes n'eussent eu d'autre

cause! les oiseaux picotent en effet quelques grains mûrs ; ils les emportent sur de grands manguiers qui existent sur les allées, mangent la pulpe et rendent le noyau avec leurs déjections à l'état de beau poivre blanc. Nous l'aurions fait ramasser par des enfants, si cela en avait valu la peine. Qnant à la perte en général, elle est à peu près nulle, car on cueille le poivre avant qu'il soit rouge, et les oiseaux ne l'attaquent, comme tous les autres fruits, que lorsqu'il est à un état de complète maturité.

A quoi donc attribuer un résultat si éloigné de celui annoncé avec tant de confiance?

Pour nous, notre conviction est intime aujourd'hui, et tout ce que nous avons dit précédemment a dû faire pressentir notre conclusion; c'est que le poivrier n'est point acclimaté à la Guiane.

Il ne suffit pas, pour qu'une plante exotique soit acquise à un nouveau pays, qu'elle y prenne racine, qu'elle s'y développe, qu'elle y fructifie même, si elle ne le fait qu'irrégulièrement; il faut qu'elle y retrouve la plupart, sinon toutes les circonstances qui l'entourent dans son pays natal. Ce serait une immense erreur de croire que les végétaux qui croissent sous une telle latitude, prospéreront sous toutes les latitudes pareilles; il faut encore que la nature du sol, l'exposition, les vents régnants, une foule de conditions qui échappent à l'observateur le plus habile, viennent assurer cette transmigration.

Les diverses parties du monde ont fait entre elles et font tous les jours d'admirables échanges; on se félicite avec raison de ceux qui ont été couronnés de succès, car il n'existe pas de conquêtes plus honorables, plus avantageuses au genre humain, mais qui pourrait compter le nombre de ceux qui ont été sans résultats!

Qui pourra jamais expliquer pourquoi la Flandre, la Picardie, la Normandie, la Bretagne, situés sous la même latitude, et à peu de distance en longitude des vignobles du Rhin, de la Bourgogne, de la Champagne, de la Franche-Comté, n'ont jamais pu devenir elles-mêmes des provinces vignobles? et portant la question plus loin, pourquoi les États-Unis, qui s'alongent sous les latitudes des pays vignobles depuis celle du Rhin, jusqu'à celle des îles Canaries, n'ont ils également jamais pu avoir du vin, malgré les primes énormes promises par un gouvernement jaloux de tout ce qui peut accroître ses richesses? la vigne y a été transportée de divers lieux, et elle y a été cultivée par des vignerons de l'ancien continent, elle a réussi sur nombre de points, à des expositions qui ont paru lui convenir, elle a fleuri, elle a fructifié, mais jamais on n'a réussi à obtenir de son fruit du vin potable. La même chose à eu lieu pour l'olivier; tandis que dans l'hémisphère sud du même continent, au Chili, dès que l'indépendance du pays a permis de planter la vigne et l'olivier, dont la culture avait été interdite jusque-là par la métropole, l'une et l'autre y ont complètement prospéré et donné du fruit comme dans leur propre pays.

Expliquera-t-on davantage pourquoi le manguier, ce précieux don que l'Inde nous a fait, et le canellier, plus précieux encore si l'on savait en tirer parti, se sont acclimatés à la Guiane au point d'y devenir aussi rustiques que les arbres de ses forêts natives, tandis que nombre de végétaux, transportés du même pays, n'ont jamais pu y réussir véritablement?

Le poivrier, malheureusement pour nous et pour la colonie, s'est trouvé dans cette dernière catégorie. On l'a prôné, on a attendu de lui ce qu'il donne dans son pays, mais on ne l'a pas obtenu. Après cinquante-deux ans d'efforts, de soins persévérants, qu'a-t-il produit?

Le giroflier n'a point été planté à la Guiane uniquement par d'habiles agriculteurs; le climat l'ayant adopté, des planteurs médiocres, comme de fort ignorants, l'ont cultivé, et tous ont eu des produits proportionnés au nombre de leurs arbres, et aux soins qu'ils étaient susceptibles de leur donner. Il en eût été de même pour le poivrier, s'il s'était franchement acclimaté.

Nous n'avons point à nous défendre de ce que nous avons fait dans un but honorable; nous avons expliqué comment nous avons été entraîné dans cette grande entreprise ; nous ne dissimulerons pas davantage les résultats, il faudrait pour cela être dirigé par un amour-propre injustifiable. Nous voulons éclairer ceux qui seraient tentés de nous imiter, et leur montrer les écueils contre lesquels nous sommes venus échouer ; il ne nous reste plus qu'à faire parler les chiffres.

Aux Deux-Rives, où la plantation a commencé en 1819, la première livraison de quelques centaines de kilogr. de poivre a été faite en 1826. Les récoltes se sont élevées progressivement jusqu'en 1830 qui a été la plus forte, et qui n'a pourtant donné que 3,610 kilogr. : puis elles sont allées constamment en décroissant de manière à ne plus donner, dans les dernières années, que quelques centaines de kilogrammes.

A Terre-Rouge, où la plantation a commencé en 1827, la première livraison, faite en 1830, a été de 474 kil. Les récoltes ont été en progressions ascendantes jusqu'à 1835, année qui a donné 20,501 kilogr. Les produits ont décliné à partir de là pour donner 11,853 en 1836, et finir aussi par quelques centaines de kilogrammes.

Tel a été le triste résultat obtenu après des travaux inouïs, et au bout d'un assez grand nombre d'années, pour qu'il nous soit permis d'apprécier cette décevante culture. Assurément, si de tels résultats s'étaient dessinés de bonne heure, nous aurions été sans excuse dans notre persévérance : mais qu'on réfléchisse aux fallacieuses espérances que cette culture donnait, à la réussite presque générale de la plantation : au brillant aspect de cette masse de poivriers étendus sur leurs tuteurs, à l'abondance du produit précoce de quelques-uns, à la faible quantité, comparativement à ceux-ci, que l'on demandait à tous pour obtenir un grand revenu, et l'on conviendra qu'un abandon prématuré aurait été taxé avec justice de légèreté et d'inconséquence.

Mais dans l'état où les choses sont parvenues, cette persévérance, si elle était prolongée, serait taxée avec autant de raison d'idée fixe. Nous nous sommes donc rendu, quoiqu'avec un profond regret, à ce qui était devenu pour nous de l'évidence, et depuis 1338, nous avons adopté une nouvelle culture, qui. nous l'espérons, assurera le capital social, si le système politique peut enfin prendre une stabilité indispensable à tous.

On a pu voir, par les détails que nous avons donnés, l'attention que nous avons apportée à une si importante entreprise ; notre temps entier lui a été consacré pendant un grand nombre d'années, étudiant sans cesse la marche de la natnre, autour de nous et partout où nous pouvions trouver d'utiles enseignements ; cependant on comprendra sans peine qu'opérant en dehors des choses connues, nous ayons été exposé aux critiques de gens qui, ne se donnant pas la peine de savoir d'où l'on part et où l'on tend, ne manquent jamais de blâmer ce qu'ils ne connaissent pas, et de jeter des bâtons dans les roues, sans aucune mauvaise intention. Des passions moins innocentes auraient pu avoir des suites plus fâcheuses, si nous ne les avions laissées s'éteindre d'elles-mêmes, en ne leur opposant que la force d'inertie et la constance dans le travail.

Mais tant de tracasseries sur lesquelles nous glissons, ont eu d'amples compensations, et telles que nous pouvions les désirer pour maintenir notre courage. L'administration supérieure de la marine, tant en France que dans les colonies, n'a pas cessé un moment de nous donner de ces preuves d'intérêt qui consolent de tout une âme noble. Diminution de droits, lettres et paroles encourageantes, empressement à nous favoriser, tout ce qui a dépendu d'elle, nous l'avons obtenu. Placée sur un point élevé, elle voyoit avec intérêt les efforts tentés pour doter la colonie d'une culture précieuse. Qu'elle nous permette de lui exprimer ici les sentiments de notre profonde reconnaissance.

Nos actionnaires, de leur côté, ont rempli rigoureusement leurs engagements, et, jusqu'à ce jour, ils n'ont retiré aucun fruit de leurs capitaux. Le conseil d'administration, composé aussi de personnes placées dans une position élevée, a reçu nos rapports annuels. Nous lui avons fait part successivement de nos travaux, de nos espérances, de nos embarras et de nos revers. Il a compris la position, jugé l'erreur et la bonne foi, les efforts et leur inutilité, et jamais il n'a témoigné de mauvaise volonté contre ce que la force des choses a amené.

Pour nous, nous avons sacrifié à cette œuvre une position avantageuse, le peu de fortune que nous possédions, le bonheur des liens de la famille, les années de force qui nous restaient. Nous ne parlerons pas des privations imposées par le peu de succès de nos efforts, des fatigues d'un travail excessif de tête et de corps sous un climat dangereux ; ces peines, ces privations, ces pertes, ces fatigues ne sont rien pour nous à côté de la douleur de n'avoir pu remplir les espérances des hommes honorables qui nous ont accordé une entière confiance, et de n'avoir pas été plus utile à une colonie qui nous est chère à bien des titres.

FIN.

www.ingramcontent.com/pod-product-compliance
Ingram Content Group UK Ltd.
Pitfield, Milton Keynes, MK11 3LW, UK
UKHW021646260726
13994UKWH00003B/1302